国家地理图解万物大百科
爬行动物和恐龙

西班牙 Sol90 公司 编著　　王 丽 译

江苏凤凰科学技术出版社·南京

目录

恐 龙
第 6 页

爬行动物：背景
第 30 页

蜥蜴和鳄鱼
第 44 页

龟和蛇
第 62 页

人类和爬行动物
第 80 页

术语
第 92 页

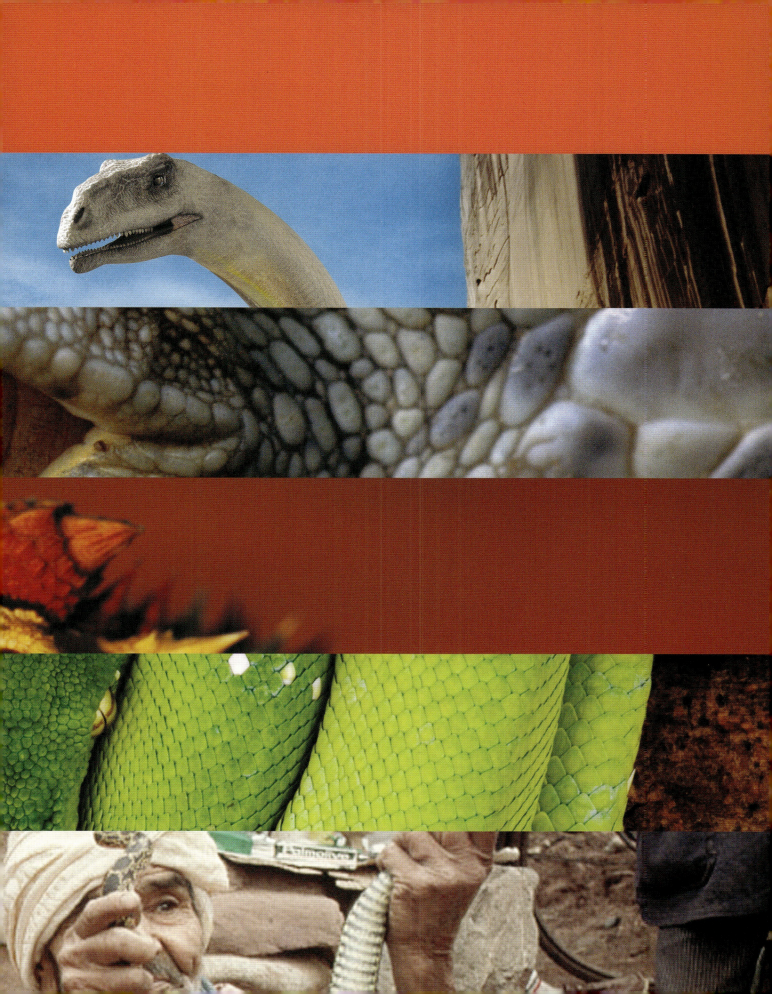

那伽面具
在斯里兰卡，人们主要在传统节日佩戴这种面具，目的是吓退妖魔。

让人又敬又怕

蛇和鳄鱼等爬行动物都有令人恐惧的外表，这也是它们经常出现在世界各民族的传说和神话中的原因。在各种仪式中使用的雕像、图像和面具上，这些动物的形象大多代表着具有各种魔力的善神和恶神。蛇通常与孕育了生命的各种原始水域联系在一起。在印度教中，那伽是创世神之一——迦叶波的后裔。因此，每逢传统节日，当地男女都会带着绘有这种动物图案的面具跳舞，以驱赶妖魔和祈求平安。有些巴布亚人相信，鳄鱼有一种特殊的能量。而在欧洲，神话中吐火的飞龙被认为是财富的守护者。纵观历史，这些动物既令人害怕也受人尊崇，并被赋予了某种魔力和感情色彩。本书就是要详尽地介绍爬行动物究竟是什么样的，在这里，你将可以清晰而准确地了解关于爬行动物的形象和习性的相关知识。本书所说的爬行动物包括恐龙这群曾经主宰了地球上亿年的霸主。这是一本极富吸引力的书，其中精心准备的插图将为我们揭示很多关于这些动物的细节，使它们跃然于纸上。

你知道吗，爬行动物是第一批完全脱离水环境生存的脊椎动物，而这主要得益于羊膜的出现，这种结构保证了爬行动物可以在陆地上正常繁殖。如今，已发现的爬行动物约有 6 300 种，它们的形态和大小各异，其中包括龟、蜥蜴、蛇、鳄鱼等。通过观察这些动物的足，我们便能掌握一些关于它们生活习性的线索。不同种类动物的足的用途不同，有的用于爬墙，有的用于在细长的茎秆上爬行，有的则用于在松散的沙丘上奔跑。有些爬行动物喜欢生活在地下，有些则更喜欢生活在地上。由于体温多变，爬行动物常常要花上好几个小时，从日照或地表吸收热量。

蛇有着细长的身体，与其他爬行动物不同，它们有由多节椎骨组成的长长的脊柱。虽然蛇不能像哺乳动物那样听到声音，但它们能够探测到地面的低频振动，从而察觉掠食者或猎物的存在。大部分蛇为肉食性动物，而且能够吃下比自己身体还大的食物。部分爬行动物的标志性特征还包括：行踪隐秘、呈波状爬行、能够瞬间变色和具有特大的嘴巴等。这些超凡的特性让这些神奇的爬行动物生存了数亿年。

本书的每一页内容都能帮助你了解这些与人类如此不同的动物。部分爬行动物的幼崽生下来就是已发育完全的，而非脆弱和不成熟的，它们与大多数哺乳动物不同，无须依赖父母的喂养和照料。爬行动物的鳞片类型也多种多样。有些爬行动物的鳞片集中在尾部形成有防御作用的刺，而有些爬行动物的鳞片则沿颈部、背部、尾部依次分布。

虽然蛇是令人害怕的动物之一，但实际上只有约 1/10 的蛇是危险的。极少有人知道，蛇其实是一种很胆小的动物，所以它们更喜欢隐藏。大多数蛇在没有受到威胁的情况下是不会主动出击的，而且在进攻前会采取警告行为。不幸的是，因为一部分危险的蛇，大多数蛇也遭到了厌恶。通过学习，我们可以更好地了解它们，并学会如何辨别真正危险的蛇，这样才有助于防止它们灭绝。由于人类对动物的肆意捕杀和生存环境的破坏，很多爬行动物现在正濒临灭绝。因此，不只是生态学家，所有人都应该给予这些动物更多的关注，保证它们能够作为地球生物的一分子继续生存下去。●

恐　龙

从三叠纪晚期至白垩纪晚期的1.6亿年间，一种名为"恐龙"的奇特动物成为地球的统治者。有些恐龙体型很小，有些则极其庞大。有些恐龙只吃植物并有着长长的颈部，有些则长着锋利的牙齿。现在，多亏古生物学家们对恐龙牙齿和骨骼化

可怕的蜥蜴 8—9　　　侏罗纪 16—17　　　争霸的时代 24—25
三叠纪 10—11　　　不同种属的恐龙 18—19　　　南方的巨型掠食者 26—27
"爬行动物时代" 12—13　　　温顺的素食者 20—21　　　濒临死亡线 28—29
早期巨型植食性恐龙 14—15　　　白垩纪 22—23

石的研究，我们对恐龙的了解才越来越全面。在白垩纪晚期，各种恐龙相继从地球上消失，即所谓的白垩纪 – 古近纪灭绝事件。有人将恐龙的灭绝归因于大型陨星撞击地球。在本章中，你将看到关于这种史前生物的详细介绍。●

可怕的蜥蜴

从三叠纪晚期至白垩纪晚期，恐龙统治了地球约 1.6 亿年。正是在这一时期，劳亚古陆和冈瓦纳古陆分裂并形成了今天的大陆块版。发生在大约 6 600 万年前的白垩纪 – 古近纪灭绝事件留下了很多化石，包括恐龙脚印、恐龙蛋和恐龙骨化石等。这些化石的发现能够帮助科学家们对恐龙进行研究和分类，并了解它们生前的体态、大小、饮食习惯等。研究结果表明，这个史前爬行动物种群包括植食性恐龙和肉食性恐龙，它们中的一些身体异常庞大，模样也很惊人。●

因为椎骨较轻，所以它们的脖子较灵活，能够随意活动。

恐龙的腿

▶ 受生活习惯的影响，有些恐龙靠两条腿走路，有些则靠四条腿走路。尽管如此，它们的体态却差不多。就腿部的结构而言，恐龙与它们如今的近亲（包括蜥蜴、楔齿蜥、龟、蛇及鳄等）有很大不同。

1 蜥蜴
蜥蜴的四肢向外展，在肘部与膝盖处四肢弯成直角，即所谓的外展体态。

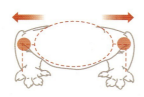

吓人的蜥蜴

识别
1842 年，在古生物学家理查德·欧文的提议下，这些已灭绝的爬行动物被命名为"恐龙"。对每种恐龙的命名主要以该类恐龙的体型和生理机能等特性为依据，或以发现它们的人或地点命名。

重龙
或称"重型爬行动物"。

2 鳄类
这类动物拥有半外展体态，即四肢向外和向下伸展，肘部和膝盖弯成钝角。它们通常慢慢爬行。

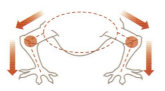

3 恐龙
恐龙拥有竖立体态。它们的四肢向身体下方伸展，肘部和膝盖都位于身体下方。

黄金年代

从三叠纪的原始恐龙开始，肉食性恐龙与植食性恐龙的演化路线出现了分化。侏罗纪晚期和白垩纪时期，大型的植食性恐龙和凶猛的肉食性恐龙共同统治地球。当时的环境条件有利于恐龙家族身体形态和摄食行为的多样化发展，这种环境条件一直持续到恐龙灭绝前。

| 赫勒拉龙 | 腔骨龙 | 始盗龙 | 鼠龙 | 板龙 | 橡树龙 | 斑龙 | 腕龙 |

三叠纪 2.52 亿 ~2.01 亿年前　　**侏罗纪** 2.01 亿 ~1.45 亿年前

马什与科普的对决

▼ 美国两位古生物学家奥塞内尔·查尔斯·马什和爱德华·德林克·科普之间开展了一场极为特殊的竞赛，即看谁能找出更多的恐龙骨骼化石和恐龙物种。然而，这场比赛充斥着针对彼此的指控，甚至人身攻击。马什认为自己是这场竞赛的赢家，实际上的赢家应该是古生物学界，因为这两位对手共确认了约130种恐龙。

恐龙先生
英国古生物学家理查德·欧文先生是第一个识别所谓的"可怕的蜥蜴"或"巨型蜥蜴"化石的人，他根据自己的研究和发现提议将这类动物命名为"恐龙"。此外，他还完成了1851年在伦敦展出的恐龙化石的第一次复原工作。

蜥臀目恐龙
这类恐龙的腰带与今天的蜥蜴、鳄鱼等爬行动物的腰带相似。人类已经发现了很多种蜥臀目恐龙，其中包括伶盗龙和阿根廷龙。这些恐龙拥有长而灵活的脖子和锋利的爪。

蜥臀
蜥臀目恐龙的骨盆结构。

蜥臀目恐龙
白垩纪的肉食性恐龙。它们的牙齿像刀一样锋利。

霸王龙

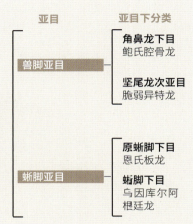

亚目	亚目下分类
兽脚亚目	**角鼻龙下目** 鲍氏腔骨龙
	坚尾龙次亚目 脆弱异特龙
蜥脚亚目	**原蜥脚下目** 恩氏板龙
	蜥脚下目 乌因库尔阿根廷龙

鸟臀目恐龙
腰带结构与鸟类腰带相似的植食性恐龙。其耻骨向后倾，与坐骨平行。著名的鸟臀目恐龙包括三角龙和副栉龙。有些鸟臀目恐龙长有骨板，这些骨板可以起到保护作用。

只是看起来相似
虽然这类恐龙被命名为鸟臀目恐龙，但它们并不是今天鸟类的祖先。

鸟臀目恐龙
这类恐龙以其股骨曲度命名。

弯龙

亚目	亚目下分类
覆盾甲龙亚目	**踝龙属** 三尖齿龙
	剑龙次目 装甲剑龙
	甲龙下目 尖角龙
角足亚目	**头饰龙下目** 恐怖三角龙
	鸟脚下目 皮萨诺龙

据测算，一只阿根廷龙的重量约为

100吨。

| 剑龙 | 圆顶龙 | 镰刀龙 | 尾羽龙 | 似鳄龙 | 南方巨兽龙 | 冠龙 |

白垩纪 1.45亿~0.66亿年前

三叠纪

二叠纪晚期的生物危机过后，三叠纪迎来了缓慢的生命复苏。中生代通常被称作"爬行动物时代"，而那个时期的动物群中最负盛名的成员便是恐龙。在中生代的最初阶段，今天的两栖动物的最初代表出现了，而到这一时期的最后阶段，最早的哺乳动物出现了。从三叠纪中期至晚期，大量蕨类和球果类植物开始出现并一直延续到现在。当然，也有一些种类的植物现在已经灭绝。

三叠纪
1834年，德国古生物学家弗里德里希·奥古斯特·冯·阿尔贝蒂将这一时期命名为三叠纪。同时，他也对定义这一地质时期的三层岩层进行了归类。

植被
泛大陆上有很多巨型的球果类植物。

植物群

泛大陆以干旱、高温的沙漠地貌为主，生存在这一区域的植物主要包括苏铁和银杏树为代表的裸子植物、木贼为代表的蕨类植物。

灭绝
在接近三叠纪晚期时，地球上又发生了一次灭绝事件，致使一些物种彻底消失，但同时也为生存下来的生物（尤其是恐龙）创造了新的生存环境，使它们的队伍迅速扩大。

恐 龙　11

新世界

▶ 二叠纪晚期，地球上近96%的生命灭绝了，此时的陆地主要由高温的沙漠和岩石区构成，极为干旱，只有海岸区域的湿度适合植物生存。当时只有一块大陆，即泛大陆。泛大陆被唯一的大洋（泛大洋）包围。泛大陆便是恐龙及同时期其他动物的家。

2.52亿~2.01亿年前

当时地球上只有一个大陆板块，即泛大陆。这块大陆的北部区域叫作劳亚古陆，南部区域叫作冈瓦纳古陆。这两个区域以特提斯海为界，这片海后来几乎消失了。

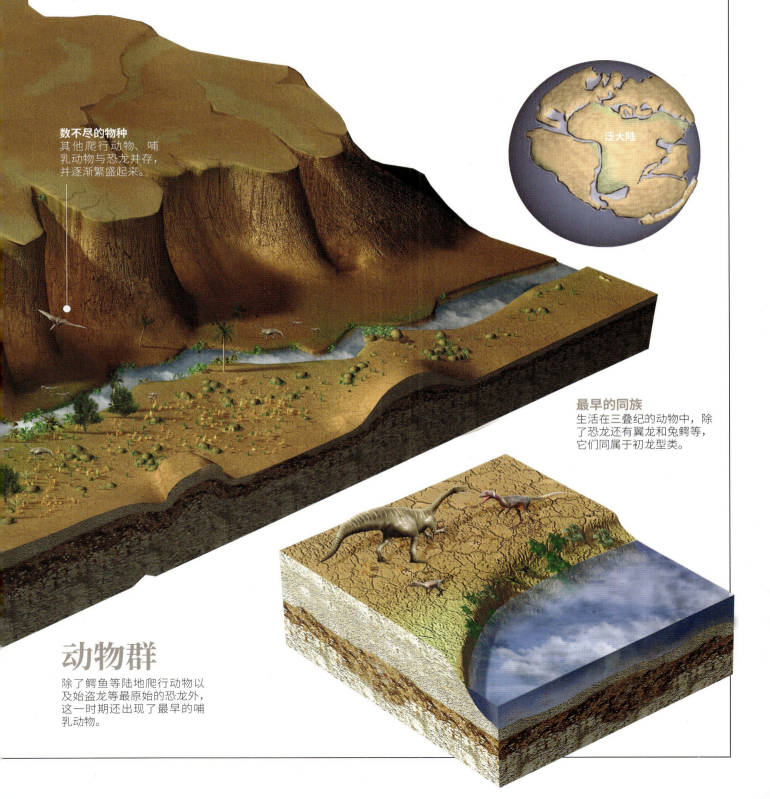

数不尽的物种
其他爬行动物、哺乳动物与恐龙并存，并逐渐繁盛起来。

最早的同族
生活在三叠纪的动物中，除了恐龙还有翼龙和兔鳄等，它们同属于初龙型类。

动物群

除了鳄鱼等陆地爬行动物以及始盗龙等最原始的恐龙外，这一时期还出现了最早的哺乳动物。

"爬行动物时代"

中生代的第一阶段变成了"爬行动物时代"。在陆地，后来演化为哺乳动物的下孔类动物开始减少；同时，蜥形类动物则遍布各大栖息地。最早的鳄类动物开始出现，同时出现的还有龟类与蛙类等。翼龙类统治了天空，而鱼龙类则统治了水域。恐龙在大约2.4亿年前的三叠纪中期出现了。接近三叠纪晚期的时候，恐龙成为地球的统治者，与此同时，其他多种爬行动物的数量却急剧减少了。

早期的恐龙

与后来几个时代的恐龙相比，早期恐龙的体型很小。根据目前的发现，这类恐龙大部分都生活在南美洲。除了部分腐食性恐龙外，其他恐龙均为非常敏捷的肉食性掠食者。它们有着和蜥形类相同的原始结构形态，却有着更为先进的骨骼结构，这种骨骼结构与即将统治白垩纪的掠食者（兽脚亚目恐龙）的骨骼结构相似。在整个三叠纪，早期恐龙一直是爬行动物家族中一个极不寻常的亚群。在接近三叠纪晚期的时候，最早的大型植食性恐龙出现了。

始盗龙

1991年，古生物学家在阿根廷西北部发现了始盗龙化石。这种小型的肉食性恐龙生活在大约2.28亿年前，体长可达1米。这类恐龙拥有锋利的牙齿和敏捷的后腿，能够快速地奔跑以追赶猎物。始盗龙可能还吃腐肉。

始盗龙
这种小型掠食者的英文名字有"破晓的盗贼"之意。

腔骨龙
其名称有"中空的形状"（因其骨具空腔）之意。

尾
在追赶猎物时，大多数肉食性动物都使用它们的尾巴来保持平衡。

脊柱
中央椎骨高而短，椎弓有方形凸起，且朝向后部处较厚。这种恐龙只有两个骶椎。

鼠龙
目前已发现的这类恐龙的化石就只有位于恐龙蛋壳旁边的幼龙的化石，它们的体长不超过20厘米。成年鼠龙的体长尚不得而知，据估计应为2~5米。据推测，它们为植食性动物。

腔骨龙
这种捕猎技艺精湛的肉食性恐龙体长为2~3米。这种两足猎手的化石被发现于美国西南地区的几个州。

鼠龙
其名字有"鼠一样的爬行动物"之意。

赫勒拉龙属

伊希瓜拉斯托赫勒拉龙（*Herrerasaurus ischigualastensis*）

身长	4米
食性	肉食性
栖息地	针叶林
生存时代	三叠纪晚期
活动范围	南美洲

赫勒拉龙

古老的恐龙之一。它被认为是解密恐龙在随后的1.6亿年间对地球统治的关键。20世纪60年代早期，由奥斯瓦尔多·雷格带领的古生物学考察队在阿根廷北部的伊希瓜拉斯托山谷发现了最早的赫勒拉龙化石。奥斯瓦尔多·雷格用发现这一化石的当地向导的名字命名了这种恐龙。之后，人们又发现了几具这种恐龙的完整骨架。

恐龙大小的比较

始盗龙　腔骨龙　赫勒拉龙

真正的肉食性恐龙

将赫勒拉龙归类于恐龙的依据之一就是它们典型的兽脚亚目式的头部。其鼻子前部的两个鼻腔位于狭窄的颅骨上，眼窝是头骨上多处开孔的一部分，这使它的颅骨既轻又牢固。

牙齿

这种恐龙的牙齿呈管状，弯曲度比其后的肉食性恐龙的牙齿要大，却和其兽脚亚目亲缘物种的牙齿一样锋利，而且也呈锯齿状。

四肢

和头部一样，这种恐龙的四肢也和白垩纪后来的巨型肉食性恐龙的大小相近，两只较短的前爪用于捕食。

前肢

其前肢的相对比例说明，这种动物主要靠两条后腿走路。它的每只前爪上有三根长指和两根短指。彼此略微相向的指使恐龙能够抓住猎物。在进攻猎物时，其前爪便成了一种强大的武器，是兽脚亚目恐龙爪子的早期形态。

骨盆

赫勒拉龙是早期的蜥臀目恐龙，长有原始的骶骨、髂骨和后肢，却有着更为先进的耻骨和椎骨。

后腿

赫勒拉龙的下肢趾骨高度叠加。与第二、第三、第四根足趾相比，第一根足趾上的骨骼虽然发育良好，却十分短小轻巧。赫勒拉龙的身体很重，但因为有这样长而结实的脚，它们依然能够跑起来。

数百千克

成年赫勒拉龙的体重为100~400千克。

早期巨型植食性恐龙

原始蜥臀目恐龙是大约 2.1 亿年前的三叠纪晚期出现的恐龙之一。在当时,恐龙已经存在一段时间了,但它们还都是些较小的掠食者。显然,蜥脚亚目恐龙是早期仅以植物为食却体型庞大的物种。人类在 50 多个不同的地方找到了许多这类恐龙的化石。人们认为,这种恐龙之所以能够幸存下来应该是因为当时它们不需要与其他动物竞争食物,因为在同时代还没有体型如此巨大的植食性动物。德国博物学家赫尔曼·汪迈尔于 1837 年为这种植食性动物命名,其名称的含义为"有着蜥蜴式臀部的恐龙"。

恩氏板龙

它们属于原蜥脚类,是蜥脚亚目中的原始类群。从目前已知情况来看,它们与同种族中的其他动物有一定联系,因为在很多地方,多种古生物化石是一起被发现的。受当时它们所生存的炎热而干燥的环境影响,这些恐龙不得不为了寻找食物而不断迁移,它们的食物主要包括松柏类植物和苏铁类植物。

两性差异
研究认为板龙属恐龙的体型大小随环境而异。证据同时表明其雄性和雌性的体型也不同。

运动
恩氏板龙可能是靠肌肉发达的四肢行走,但主要靠后肢站立,且能够快速奔跑。

可能是两足动物
当这种恐龙靠两条后腿站起来够高处的树枝时,它强有力的臀部支撑着整个身体的重量。

恐 龙　15

头
从整个躯体重量的比例看，恩氏板龙的头部较小。因此，人们认为这类恐龙应该不是很聪明。

长颈
恩氏板龙的长颈使它能够到树梢。它的口中有囊状结构，能够在咀嚼食物的同时储存食物。

板龙属
恩氏板龙 (*Plateosaurus engelhardti*)

身长	6~10 米
食性	植食性
栖息地	半干旱地区
生存时代	三叠纪晚期
活动范围	欧洲

生活的区域
这种恐龙的化石主要发现于现在德国、法国和瑞士的半干旱地区。在当时，这些区域都属于泛大陆的一部分。

交配
板龙是"一妻多夫制"，占支配地位的雌恐龙一般有 3~5 个雄恐龙配偶。到了交配季节，这些雄恐龙会竞相吸引这只雌恐龙的注意力。这类恐龙的蛋大小不一，由雄恐龙负责照料。

防御用的爪
前足　后足
这种动物的防御能力很弱，但它们前足上的一个趾头上长有强大的爪尖，可能用来切断树枝和自卫。事实上，它们最好的防御手段就是迅速逃跑。

承重脚趾

侏罗纪

这段时期，恐龙的种类得到大规模扩展，除了大型植食性动物外，生活在同时代的动物还包括蝾螈、蜥蜴和始祖鸟。侏罗纪的气候温和，从海洋上吹过来的湿润的风为陆地带来了充沛的降雨，使陆地被大片的森林覆盖。

关于侏罗山脉的研究
"侏罗纪"一词的起源与侏罗山有关，因为侏罗纪时期的岩层最早在侏罗山被发现。

植物生长
树木开始覆盖原本是沙漠的区域。

植物群

随着降雨越来越多，各种植物开始繁茂起来。苔藓类植物在海洋和陆地上生长。许多木贼类、真蕨类植物共同形成了茂密的森林。

煤
形成于这一时期的煤层证明当时的气候极其湿润，植物种类也很丰富。

绿色星球

泛大陆分裂时，海平面开始上升，大面积的陆地被淹没。这一过程使湿度上升，导致出现密集的降雨，气候变得更加温和。这样的气候条件创造出了丰富的森林生态系统。由于有了丰富的食物，动物种群得到了迅速的扩展。此外，泛大陆的分裂还引发了火山爆发。虽然地球板块发生了剧烈的运动，但地球上大部分区域内的气候都变得更温暖了。

2.01亿~1.45亿年前

这一时期，大地开始分裂成若干个板块。在侏罗纪，北美洲向北移动，与今天的南美洲分离。北美洲成为劳亚古陆的一部分，后来形成欧洲的那一部分也处于劳亚古陆。南极洲、南美洲、印度和澳大利亚板块则构成了南部的冈瓦纳古陆。

新海洋
特提斯海自西向东延伸，分隔了劳亚古陆和冈瓦纳古陆。这时候，墨西哥湾和大西洋开始形成。

劳亚古陆

冈瓦纳古陆

鸟臀目恐龙
大陆上的鸟臀目恐龙数不胜数。

共同的世界
这段时期，早期的有袋类动物出现了。现存的有袋动物主要生活在自冈瓦纳古陆分裂出的澳大利亚。此外，侏罗纪还是始祖鸟的时代。

动物群

这一时期，恐龙的种类不断增加，它们的地理分布区域也在扩大。包括腕龙在内的各种植食性类恐龙和包括异特龙在内的各种肉食性恐龙占据了支配地位。

不同种属的恐龙

侏罗纪中期，地球上的植物已变得茂盛起来，到处是一片绿色。泛大陆的逐渐分裂造就了新的生态环境，气候更加湿润，也更加多样化。较大的湿度为大型树木的生长提供了条件。在这种繁荣的环境下，恐龙家族的物种得到了进一步的扩展。相比之下，大多数下孔类动物的数量减少了，初龙型类动物也大量消失了。同时，还有很多物种找到了它们自己的发展空间，数目成倍地增长。这些物种包括鲨鱼及魟鱼等海洋生物，其相貌与它们今天的"亲戚"十分相似。

中生代的巨兽

大型植食性恐龙曾经主宰了地球。但是，物种的多样化同时也带来了不断加剧的竞争。诸如梁龙之类的蜥脚亚目恐龙和诸如剑龙之类的鸟臀目恐龙必须小心提防斑龙等大型的兽脚亚目肉食性恐龙。此外，它们的敌人还包括新颌龙等掠食者，这类掠食者体型虽小，但行动敏捷，且经常成群出现。另外，作为小型恐龙的后裔，地球上最初的鸟类也出现了。

斑龙
其英文名称有"大型蜥蜴"之意。

斑龙

虽然人们早在 1676 年就在英国南部发现了这种恐龙的骨骼化石，但真正认识它还是在 1819 年之后。与同时期动物相比，这类兽脚亚目肉食性动物的智商相当高。它们生活在大约 1.81 亿年前，成年恐龙可达 9 米长。这种动物用两条后腿走路，并拥有两只强健的前爪。

橡树龙
其英文名称有"橡树爬行动物"之意。

橡树龙

是一种鸟臀目鸟脚亚目恐龙。19 世纪时，人们同时在坦桑尼亚和美国发现了这类恐龙的化石。这种轻型植食性恐龙的体长可达 4.5 米。

圆顶龙
其英文名称有"带空室的蜥蜴"之意。

圆顶龙

这种大型的植食性蜥脚亚目恐龙生活在大约 1.59 亿年前的北美洲平原上。1877 年，人们首次发现了这类恐龙的化石。虽然成年圆顶龙的体长可达 20 米，但它们很容易成为异特龙等大型掠食者的猎物。这类恐龙的体重可达数十吨，这使它们奔跑速度较慢从而很难逃脱危险。

恐 龙 19

恐龙大小的比较

橡树龙　斑龙　圆顶龙　腕龙

腕龙属
(*Brachiosaurus*)

身长	25 米
食性	植食性
栖息地	热带稀树草原
生存时代	侏罗纪晚期
活动范围	北美洲

腕龙

在很长一段时间里，这种蜥脚亚目恐龙是留下了完整骨骼化石的最大恐龙。这是一种四足植食性恐龙，头很小，脖子很长。这类恐龙的化石被发现于北美洲、欧洲伊比利亚半岛和非洲的北部与南部。非洲的这类恐龙来自白垩纪时期，与其他种属相比，解剖结构上稍有差异。

颈
腕龙的长颈与其身体的比例将它们与同时代的其他蜥脚亚目恐龙区分开来。长颈让这类恐龙可以够到树梢。

13 米
这是腕龙的高度，因为其前腿和颈较长。

头
腕龙的头很小，两眼之间有突起，突起顶端有大鼻腔。其牙齿长得像钉子，且彼此间有空隙。

眼窝
腕龙的眼窝很大。

鼻腔
有研究认为，这里有共鸣腔室。

颧骨
位于上颌之后，眼部以下。

牙齿
腕龙通过用牙齿咬住树枝并将头向后扯的方式，将树枝从树上撕下来。

尾巴
与身体相比，腕龙的尾巴较短，是其脊柱的延伸。

椎骨
腕龙的长颈由 13 块椎骨构成，椎骨上有深深的复合腔，腔外层有薄膜。腕龙的背部由 11 或 12 块椎骨构成。而它短小的尾巴则由近 50 块骨骼构成，因此更为灵活。

支撑
这一区域负责固定起支撑作用的肌肉。

脊椎关节
椎骨组合起来以加强颈部的力量。

空心骨
中空的构造减轻了颈部的重量。

行动自如
球窝结合的结构使椎骨能够活动自如。

四肢
腕龙的前肢比后肢长。

88.5 厘米

温顺的素食者

在古生物学研究史中,这种特征显著的恐龙是被研究得较多的恐龙之一。1877年,奥塞内尔·查尔斯·马什在美国西部发现了这种恐龙的第一块化石。这种四足的植食性恐龙的身长可达9米。由于头小,这种恐龙从19世纪开始曾被作为愚蠢的象征。后来人们才发现,很多恐龙的头部都很小,而剑龙的头甚至还大于平均水平。●

头
剑龙的头很轻,牙齿也很小,且几乎起不到咀嚼的作用,所以,剑龙进食时总是把植物整株吞下。

四肢
剑龙的前肢长度是后肢长度的一半。它的每只脚上各有5个宽而短的脚趾。

剑龙

剑龙是一种鸟臀目恐龙,属于剑龙科,其背部的宽骨板和尾部的4根长达60厘米的刺状突起是其显著的特征。虽然人们对这些特征的作用尚存在争议,但普遍相信它们主要是用于自卫。剑龙很容易遭到同时代的大型掠食者(如异特龙等)的猎食,而有些研究者认为,它们也是成群结队的小型肉食性动物(如掠鸟龙等)的猎捕对象。人们怀疑剑龙不能靠两条后腿站立起来,所以可能主要以低矮的灌木为食。

剑龙属
装甲剑龙 (*Stegosaurus armatus*)

身长	9米
食性	植食性
栖息地	亚热带森林
生存时代	侏罗纪晚期
活动范围	北美洲、亚洲、欧洲、非洲

生存区域
剑龙化石最早被发现于美国的科罗拉多州,之后,其他化石先后被发现于亚洲、欧洲和非洲。

尾巴
剑龙尾巴上的4根刺状突起可能是它的防御武器,它可以通过摇摆尾巴来保护自己。

骨板
这种三角状的骨质结构并不十分坚硬,且在其上面分布有复杂的静脉网络。它们可能主要用于调节体温或求偶。

尾部骨板　　背部骨板　　颈部骨板

白垩纪

白垩纪是一个物种繁盛的时代，恐龙种类继续呈多样化发展，早期的蛇类动物也出现了。地球看上去开始有点像我们今天所知的面貌。板块的构造运动造就了地球表面今天我们看到的一些山脉，其中包括北美洲的阿巴拉契亚山脉和欧洲的阿尔卑斯山脉。白垩纪晚期，又一次物种大灭绝事件发生了，而这次大灭绝事件可能是由陨星撞击地球造成的。●

白垩纪
白垩纪的英文名称起源于拉丁语中的"creta（石头）"一词。该词最初用于命名这个地层发现的白垩土。

森林
橡树和枫树覆盖了大部分湿润地区。

植物群

白垩纪早期，蕨类植物和球果类植物占主要地位。在白垩纪早期向晚期过渡之际，一些重要的植物种群灭绝了。热带森林环境中的多种灭绝植物被种子植物替代，且这些种子植物不断向温度更低、更干旱的区域蔓延。

种子植物
这一时期植物演化的主要进程就是出现了被子植物，也就是会开花结果的植物。

演化中的星球

在大约 7 900 万年的时间里,地球的气候逐渐发生了变化。海平面上升,洋流推高了海洋温度,海洋中的动物群成倍增长。在陆地上,最早的被子植物开始出现了。生长有柳树、枫树和橡树的森林为大型恐龙提供了庇护所。

阿尔卑斯山成形
在这一时期,非洲大陆与欧亚大陆之间的距离被拉近了,特提斯海变窄了,板块的碰撞形成了阿尔卑斯山脉。

1.45亿~0.66亿年前

地球开始形成类似于今天我们所看到的面貌。非洲大陆和南美大陆开始分开,北美大陆和欧洲大陆也一样分开了。北美和南美板块向西漂移,并与太平洋板块发生碰撞,形成了北美洲的落基山脉和南美洲的安第斯山脉。

北美大陆 / 欧亚大陆 / 非洲大陆 / 印度板块 / 南美大陆 / 南极大陆

会飞行的爬行动物
邻近白垩纪晚期出现了大型翼龙。

海栖爬行动物
海洋的扩大促进了海栖爬行动物及软体动物等其他水生物种的繁衍。

动物群

恐龙的种类在白垩纪时最多。这一时期还出现了小型的哺乳动物,并迎来了昆虫大发展时期。

恐 龙 23

争霸的时代

白垩纪见证了"爬行动物时代"的兴盛与衰落。它是中生代最长的一个时期，持续了约7 900万年，每个区域都发展了特有的动物类型。南美大陆是已知最大的植食性动物之一——阿根廷龙的栖息地。生活在同时期的还有可怕的兽脚亚目肉食性恐龙。这一时期的一些物种逃过了后来的大灭绝，尤其是各种海洋无脊椎动物，如甲壳类动物、腹足类动物及鳍刺鱼等。其他幸存下来的动物中还包括体型较小的哺乳动物，如重褶齿猬等。

生存竞争

白垩纪时期，恐龙继续占据着主宰地位。尽管大型蜥脚亚目恐龙依然存在，但同时，一些新的种群也出现了。于是，资源竞争更加激烈了。北美洲霸王龙家族中的巨型肉食性恐龙和南美洲的巨兽龙是爱好和平的植食性恐龙的最大威胁。这一时期也出现了一些新的有特色的恐龙种类，其中包括鸭嘴龙和三角龙。

似鳄龙
其英文名称有"效仿鳄鱼的恐龙"之意。

尾羽龙
尾羽龙是白垩纪早期生活在中国地区的一种长有羽毛的恐龙。成年尾羽龙的身长可达1米，高度可达0.7米。它们是一种演化程度较高的兽脚亚目恐龙，但相貌看起来像一只大鸟——它们的两臂长满了羽毛，还有一个精致的扇形尾巴。它们有爪子，也有鸟嘴，嘴巴里长着锋利的上齿。它们能以极快的速度奔跑，以逃避大型掠食者。

尾羽龙
其英文名称有"尾羽"之意。

似鳄龙
这种长相与鳄鱼相似的恐龙是白垩纪中期生活在北非大地上的一种较危险的兽脚亚目肉食性恐龙。其身长最长可达13米，身高可达5米。这种恐龙长着长长的嘴，嘴里长有近百颗牙齿。

冠龙
其英文名称有"戴头盔的恐龙"之意。

冠龙
冠龙是一种鸟臀目鸭嘴龙科恐龙。它们有着艳丽的冠，身长可达10米。这种恐龙以森林中的灌木和水果为食，喜欢群居。当不同的种群混居时，冠龙的冠的颜色或许就成为其相互区别的标志。此外，冠龙的上颌上长有几百颗小牙齿，这些牙齿经常更换。

镰刀龙

部分科学家认为这种神秘的恐龙是植食性动物，但是，它们却被归为了白垩纪晚期生活在蒙古戈壁地区的兽脚亚目恐龙。人类初次识别这类恐龙是在1954年，它们的名字含有"大镰刀蜥蜴"之意。这类恐龙的身长为8~12米，重量为4.5吨左右。

头
镰刀龙的头很小，脖子很长，嘴巴呈喙状。

镰刀龙
龟形镰刀龙 (*Therizinosaurus cheloniformis*)

身长	12米
食性	可能为植食性
栖息地	亚热带森林
生存时代	白垩纪晚期
活动范围	中亚

一种神秘的恐龙
镰刀龙是非常令人费解的恐龙之一。人们对它们的识别主要靠已发现的一些恐龙爪化石及少数其他碎片的化石。研究发现，这种恐龙应该与窃蛋龙有着共同的祖先。有的理论认为，虽然这种恐龙有很大的爪子，但它们却很容易成为特暴龙等掠食者的猎物，它们的爪子可能不是用来防御的。

1米
这是镰刀龙前肢上的一根爪子的长度。

前肢
镰刀龙的前肢长度可达2.5米，长有3根长指，指端有强有力的爪子。

第三指
第二指
第一指

爪
镰刀龙最显著的特征就是它前臂上的大爪，每根爪可长达1米。第一指上的爪是三根爪中最长的一根。人们相信，镰刀龙就是用它们将大树枝拉入嘴中的。

大小比较
似鳄龙　尾羽龙　冠龙　镰刀龙

腿
镰刀龙的下肢上有4根小爪。

恐龙　25

南方的巨型掠食者

地球上最大的肉食性恐龙生活在大约9 500万年前的白垩纪晚期。1993年,技师兼业余古生物学者鲁本·卡罗利尼首次发现了南方巨兽龙的化石。这种恐龙的英文名称含有"巨大的南方蜥蜴"之意。虽然人们只找到了南方巨兽龙70%的骨骼化石,但据此可以估算它们的身长可达15米,且能够猎食体型较大的蜥脚亚目动物。

卡氏南方巨兽龙

南方巨兽龙属于蜥臀目兽脚亚目下的异特龙超科,其身高可达5米,体重可达8吨。已发现的这类恐龙的化石包括其颅骨、骨盆、股骨、脊柱及上肢化石等。研究人员认为,这种恐龙应该会成群捕猎,因为人们在一个地方发现了多具这类恐龙的化石。这样的话,它们应该会对同时代的大型植食性蜥脚亚目动物构成很大的威胁。

强健的大口

异特龙超科下的所有肉食性动物都长着强健的大口和圆锥形牙齿。其牙齿具有锯齿状边缘,能够将猎物撕成碎片,每枚牙齿可长达20厘米。

1 可移动的颅骨
南方巨兽龙的颅骨能够在其下颌上方滑动,使其如刀一般的牙齿切断食物。

2 横向扩展
颅骨各骨骼之间的关节能够向外扩展,从而使南方巨兽龙将猎物咬得更牢。

巨大的头
与身体相比,南方巨兽龙的头非常大,长度可达1.8米。

爪
这种恐龙的后腿和前肢各有三趾,前肢上有锋利的爪。

新的恐龙之王

在一段时期内,霸王龙曾被认为是陆地上最大的掠食者。1993年,科学界发现了一种更大更可怕的肉食性恐龙。如今有些人认为南方巨兽龙才是恐龙之王。

南方巨兽龙属
卡氏南方巨兽龙
(*Giganotosaurus carolinii*)

身长	15米
食性	肉食性
栖息地	森林及湿地
生存时代	白垩纪晚期
活动范围	南美洲

生存区域
这种巨型肉食性恐龙的化石被发现于阿根廷境内巴塔哥尼亚地区的内乌肯省。

尾巴
尾巴内部有坚硬的椎骨,其主要功能是保持身体平衡,并很可能能够使尾巴悬空左右摇摆。

后腿
有着发达的后腿的南方巨兽龙在追赶猎物时跑得很快。

濒临死亡线

从寒武纪至白垩纪这段历史时期内的一系列剧烈变化曾导致地球上的生物大规模灭绝。其中最有名的一幕发生在大约 6 600 万年前,也就是恐龙的集体消失。这些大型爬行动物的大灭绝如此重要,科学家们通常用它来指代白垩纪的结尾与古近纪的开端,称之为 K-Pg 界线(其中 K 是白垩纪的缩写,Pg 是古近纪的缩写)。这些中生代巨型动物的消失可能是由地球上和地球外的自然现象共同导致的。

致命的陨石

1 在其悠久的地质历史上,地球曾先后经历过多次生物大灭绝。有些科学家认为,所有这些事件都是由同一种原因造成的,他们指出,地球外的自然现象是最有可能的原因。然而,这种假设受到了广泛的批评。可以确定的是,从 5.42 亿年前的古生代至白垩纪时期,地球上先后发生过 5 次大灭绝,它们分别标志着以下几个时期的分界:寒武纪–奥陶纪、奥陶纪–志留纪、泥盆纪–石炭纪、二叠纪–三叠纪以及白垩纪–古近纪。但是,科学家们至今尚未确定一个令人信服的能导致这些灭绝事件发生的原因。泥盆纪的大灭绝毁灭了 50% 的物种,规模与发生在 K-Pg 界线时期的大灭绝相似。不过,历史上最大的一次大灭绝发生在二叠纪晚期,这次大灭绝导致了 96% 的物种消失。

希克苏鲁伯的线索

在墨西哥的尤卡坦半岛的希克苏鲁伯镇附近,人们发现了一个平均直径为 180 千米的陨石坑。这个庞大的印记是巨型陨星剧烈撞击地球的证据。

混合岩石
从希克苏鲁伯陨石坑中提取的样本显示,岩石中既含有地球矿物(暗区)又含有陨星矿物(亮区)。

灭绝后地层
恐龙时代之后几个时代的微体化石的沉积物。

火球层
陨星撞击产生的尘埃。

喷出物层
陨石坑的喷发物质经几个月的沉降形成的地层。

灭绝前地层
恐龙时代微体化石的沉积物。

50% 的物种
在 K-Pg 界线时期灭绝了。

陨石坑所在的位置

其他说法

▷ 并不是所有科学家都同意巨型陨星撞击导致生物大灭绝的说法。他们认为，希克苏鲁伯陨石坑形成于白垩纪末之前。这些科学家认为，白垩纪的大灭绝更有可能是由地球上的各种运动（如火山爆发）造成的。根据一些中间观点，火山爆发本身也有可能是由陨星撞击地球造成的。

2 一种观点
白垩纪时期，地球上剧烈的火山活动导致了频繁而大量的火山岩灰喷发，从而导致了恐龙的灭绝。印度德干高原上超过1 000平方千米的大火成岩省为这一科学假说提供了凭证。

3 另一种观点
由于太阳系与银河系的银道面交叉，每隔数千万年，奥尔特星云中的流星体和彗星就会变换一次路径。这些星体可能会以流星的形式进入太阳系，很可能成为撞击地球的陨石。

10千米
这是造成墨西哥希克苏鲁伯陨石坑的小行星的直径。

100万亿吨
一颗直径为10千米的陨石的撞击力相当于100万亿吨TNT当量。

180千米
这是尤卡坦半岛的希克苏鲁伯陨石坑的平均直径。

爬行动物：背景

颜色在鬣蜥和蜥蜴的生命中发挥着重要的作用。雄蜥和雌蜥的颜色不相同，到了交配季节，鬣蜥家族的成员会通过展示明亮的颜色以及毛束和皮肤的褶皱来吸引异性。鬣蜥的另一个显著特征是它们表皮上的鳞片。另外，和

好视力
鬣蜥的视力非常好,它们的眼睛能分辨颜色,并且有易于闭合的透明眼睑。

体表被鳞 32—33
族谱 34—35
活化石 36—37

体内器官 38—39
地面上的菜单 40—41
繁殖 42—43

其他所有爬行动物一样,鬣蜥体内也不产生热量,因此它们必须借助外界因素来保持体温。这就是人们总能看见鬣蜥伸展开来,躺在太阳光下的原因。说到食性,除了一些植食性的龟类,大多数爬行动物都为肉食性动物。

体表被鳞

爬行动物属于脊椎动物，也就是说它们是长有脊柱的动物。它们的皮肤很结实、干而薄。大多数爬行动物都像鸟类一样，通过在陆地上孵卵来繁衍下一代。爬行动物的后代孵化时无幼虫期。最早的一批爬行动物出现在古生代的石炭纪中晚期。中生代时它们得以演化并大量繁殖，因而这一时期也被称为"爬行动物时代"。

所罗门蜥
（猴尾石龙子）
(*Corucia zebrata*)

胚膜
所罗门蜥的胚膜可发育成两种膜：一种是起保护作用的羊膜，一种是呼吸用的尿囊膜（或胚胎血管膜）。

眼睛
通常较小，瞳孔为竖状。

瞬膜
瞬膜能从眼睛内角伸张并盖住眼睛。

约 3 000 种
这是现存蜥蜴的种数。

栖息地

爬行动物的适应能力极强，它们能够在各种生态环境中生存。除南极洲以外，地球上的其他各大洲均有爬行动物，大多数国家都至少有一种陆地爬行动物。它们的足迹遍及干旱、炎热的沙漠，以及湿润的热带雨林。在非洲、亚洲、大洋洲、南美洲以及北美洲的热带和亚热带地区，爬行动物很常见，高温的气候和多样化的猎物使它们繁衍昌盛。

黑凯门鳄
(*Melanosuhus niger*)

鳄鱼
鳄鱼以异常庞大的身躯著称。从颈部至尾部，它们的背部被一排骨板覆盖，看起来像刺或牙齿。鳄鱼出现在三叠纪晚期，是恐龙和鸟类的近亲。这类动物的心脏分为4个腔室，大脑高度发达，腹部肌肉组织也较为发达，有与鸟类相似的砂囊。体型较大的鳄鱼危险性极高。

卵生
大多数爬行动物都是卵生动物，但也有很多种蛇和蜥蜴属于卵胎生动物。

胸腔和腹腔
并不是由横膈膜分开的。短吻鳄靠其体壁上的肌肉进行呼吸。

美洲短吻鳄
(*Alligator mississippiensis*)

有鳞目

这是现存爬行动物中最大的目,有约6 000种。该目下的大多数动物的身体都被角质鳞片覆盖。有鳞目包括彼此不同的3种爬行动物,分别是蚓蜥、蜥蜴和蛇。有鳞目中还包括一些已灭绝的爬行动物,它们有着蛇一般的身体和蜥蜴般的脚。

约2 500种
这是现存蛇类动物的种数。

冷血动物
爬行动物的体温取决于周围环境,它们不能在体内调节温度,因此,环境温度越高,它们的活力越旺盛。

皮肤
干燥、粗厚且无渗透性的皮肤能够保护爬行动物的身体,使它们即使在非常炎热干燥的气候下也不会脱水。

巨蚺

它们通过各种不同的外部热源(如太阳光的直射以及被太阳加热的石头、树干等)来调节体温。

玫瑰沙蚺
(*Charina trivirgata*)

舌头
较大、可向外伸展、分成两半。爬行动物的舌头都较短,而且较厚,其中包含味觉器官。

龟

龟鳖目与三叠纪时期的其他爬行动物有所不同。今天的龟鳖目由海龟和陆龟两大家族组成。该目下的物种十分独特。它们的身体被壳包裹着,背部有背壳,腹部有腹甲。对于这类动物来说,它们的壳很重要,里面就包含它们的胸椎和肋骨。受这些硬壳的影响,这类动物不能通过扩胸进行呼吸。

赫曼陆龟
(*Testudo hermanni*)

现存龟类动物的种数为
260余种。

肺
由于肋骨与壳连在一起,龟不能通过移动肋骨来吸气。它们使用腿上部的肌肉做出抽吸动作,以此来吸入空气。

骨架
龟的骨架几乎已全部骨化(即无软骨性)。

中美洲河龟
(*Dermatemys mawii*)

族谱

最早的爬行动物起源于原始的两栖动物。在突变的过程中,它们逐步从祖先那里分离了出来,具有了脱离水而进行繁殖的能力。在众多的适应性变化中,羊膜最为突出,但同等重要的还有有助于内部交配的生殖器官的发育、不具渗透性的皮肤的发育和形成少量尿液的能力的发育(因此,爬行动物排出体外的是尿酸,而不是尿素)。这些针对环境产生的适应性变化为爬行类动物在大半个中生代占据统治地位提供了必要条件。

牙齿
牙齿小而不规则,使这种动物能够啃食各种嫩芽。

脚
与盾甲龙的体重相称。盾甲龙的行动缓慢。

古巨龟

古巨龟是一种大型的海生爬行动物,身长可达4.6米。这种龟栖息在白垩纪晚期(7 500万~6 600万年前)的北美洲。它是一种杂食动物,能够靠鳍足的推力在浅海区缓慢地穿行。同今天的海龟一样,雌性古巨龟也把蛋下在洞里。

壳
由从脊柱椎骨发展而来的骨质肋骨构成的结构。

嘴
嘴巴上有一个钩子形状的喙。它不是用来切割东西的,但它造成的咬伤是可以致命的。

这类海龟体重可达 **2 200千克**。

鳍足
用来在水中穿行。

4.6米

古巨龟

拉丁学名	(Arehelon ischyros)
食性	杂食性
栖息地	海洋
活动范围	北美洲
生存时代	白垩纪晚期

爬行动物：背景

坚硬的皮肤

盾甲龙是一种四脚动物，其四肢厚重，就像宽大的基座上的4根大柱子，支撑着整个身体的重量。这类爬行动物属于已灭绝的盾甲龙属。它们是大型的植食性动物，经常在长满松树和冷杉的二叠纪森林中缓缓前行，寻找食物。

盔甲
尖角构成的保护甲能够起到抵御掠食者攻击的作用。

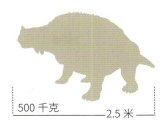

500 千克 — 2.5 米

盾甲龙

拉丁学名	(*Scutosaurus*)
食性	植食性
栖息地	陆地
活动范围	亚洲（今俄罗斯西伯利亚地区）
生存时代	二叠纪末期

尾巴
与体型相比，这种动物的尾巴较短小。

鳍状肢
负责在运动的过程中保持身体平衡。

头盖骨类型

大多数原始爬行动物的化石显示它们生活在石炭纪早期。这些爬行动物都是陆栖动物，与中生代的爬行动物相似。双孔型动物种族就起源于此。

无孔类
这一类爬行动物的头盖骨上靠近太阳穴的部位没有开口。鱼类、两栖动物和早期的爬行动物均属于这类动物。

头盖骨开口

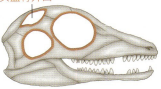

双孔类
在二叠纪时期，另一组爬行动物出现了，在它们的头盖骨上：每只眼窝背后有一个颞颥孔。

尾巴
尾巴非常灵活，使这种动物能够敏捷地在海里游动。

大部分原始海鳄化石形成于
1.6 亿年前。

海鳄

这一属的爬行动物因其成员的长吻而得名。它们是危险的猎手，有技能而且善于捕捉时机。这种动物猎食乌贼和翼龙，能够追赶6米长（其两倍身长）的鱼类。它们的尾巴越往末端越细，末端有鳍。此外，它们的两眼间有小型隆起。海鳄生存在接近侏罗纪晚期的时候。

皮肤
皮肤光滑。

颌
颌薄而显著，上面有小而锋利的牙齿。

300 千克 — 3 米

地蜥鳄

拉丁学名	(*Metriorhynchus*)
食性	肉食性
栖息地	海洋
活动范围	南美（智利）和欧洲（法国和英国）
生存时代	侏罗纪

活化石

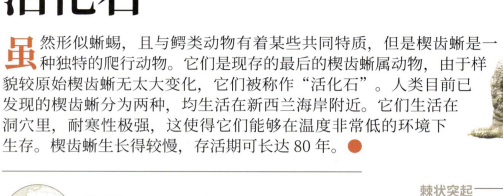

虽然形似蜥蜴，且与鳄类动物有着某些共同特质，但是楔齿蜥是一种独特的爬行动物。它们是现存的最后的楔齿蜥属动物，由于样貌较原始楔齿蜥无太大变化，它们被称作"活化石"。人类目前已发现的楔齿蜥分为两种，均生活在新西兰海岸附近。它们生活在洞穴里，耐寒性极强，这使得它们能够在温度非常低的环境下生存。楔齿蜥生长得较慢，存活期可长达80年。

楔齿蜥
斑点楔齿蜥
（*Sphenodon punctatus*）

栖息地	斯蒂芬斯岛
繁殖方式	卵生
生活方式	穴居

雄性楔齿蜥通常要比雌性大得多。

40~60厘米
约700克

松果眼
幼年楔齿蜥的松果眼较为明显，成年楔齿蜥的松果眼会被鳞片盖住。

棘状突起
雌性楔齿蜥身上的棘状突起更显著，它们通常平滑而明显。

头
就身体比例而言，头部偏大，没有耳孔结构。

头骨
头骨每侧有两个颞颥孔。

每只眼睛后面的开口。

眼睛
楔齿蜥的眼睛很大，虹膜为深棕色。

颜色
楔齿蜥的身体基色不尽相同，由浅灰到橄榄色，再到砖红色。它们一生中的颜色变化非常显著。

牙齿
牙齿是上下颌边缘的延伸，并非独立结构，较锋利。

食物
楔齿蜥是肉食性动物，它们的食物包括昆虫、蚯蚓、蜗牛和蟋蟀。它们偶尔也会吃海鸥蛋和雏鸟。

1.5亿年

1.5亿年前，楔齿蜥就已经出现在地球上了，至今保留远古特征，被称作"活化石"。

爬行动物：背景

"多刺的后背"
这是毛利语中"楔齿蜥"的意思。

尾
楔齿蜥可以脱落自己尾巴以逃避其他动物的追捕。断掉的部分能够重新长出来，但其颜色及纹理都会与原来的尾巴有所不同。

脚
每只脚上有4个趾。

鳞
楔齿蜥背上的鳞较小，并呈颗粒状，腹部的鳞却呈横向排列。

繁殖
雌性楔齿蜥每4年一次进入交配成熟期，而雄性楔齿蜥——现代仅存的没有阴茎的爬行动物——利用泄殖腔将其精子直接送入雌性楔齿蜥的泄殖腔内。

卵
卵在母体内成形需要一年的时间，孵化也需要一年的时间。

20℃ 孵出雌性楔齿蜥的概率为80%。

21℃ 孵出雌性楔齿蜥的概率为50%。

22℃ 孵出雌性楔齿蜥的概率为20%。

习性
楔齿蜥为夜行动物。白天，它们会栖息在岩石上晒太阳；到了晚上，它们会到洞穴附近的区域猎食。楔齿蜥和其他爬行动物不一样，它们能够在寒冷的环境中茁壮成长。高于25℃的温度对它们来说是致命的，但它们可以通过冬眠在5℃的环境下存活。楔齿蜥是独栖动物，易受惊扰。

洞穴
楔齿蜥自己会挖洞，但有的也会栖息在其他同类的洞里。

6个月 的冬眠期。

体内器官

爬行动物的身体结构使它们能够在陆地上生存。干燥有鳞的皮肤和能够排泄尿酸而非尿素的能力帮助它们将水分流失降至最低程度。它们的心脏通过双重路径分配血液。鳄鱼是最早的拥有四腔心脏的脊椎动物，但所有其他爬行动物的心室分化都是不完全的。爬行动物的肺比两栖动物的肺更发达，能够进行更大规模的气体交换，帮助它们提高心脏效率。

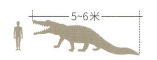

尼罗鳄
拉丁学名 (*Crocodylus niloticus*)

食性	肉食性
寿命	野生尼罗鳄的寿命为 45 年左右；人工饲养尼罗鳄的寿命为 80 年左右

皮肤
爬行动物的体内有色素细胞，能够小幅度改变其身体颜色。鳄鱼则另有两个独特之处：一是头部皮肤上有腺体，能够调节身体中的离子平衡；二是其泄殖腔内有腺体，能够分泌交配和防御用的重要物质。

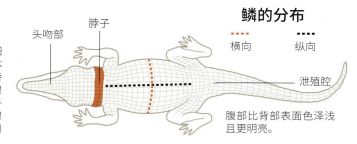

鳞的分布

-- -- -- 横向　　━ ━ ━ 纵向

头吻部　脖子　泄殖腔

腹部比背部表面色泽浅且更明亮。

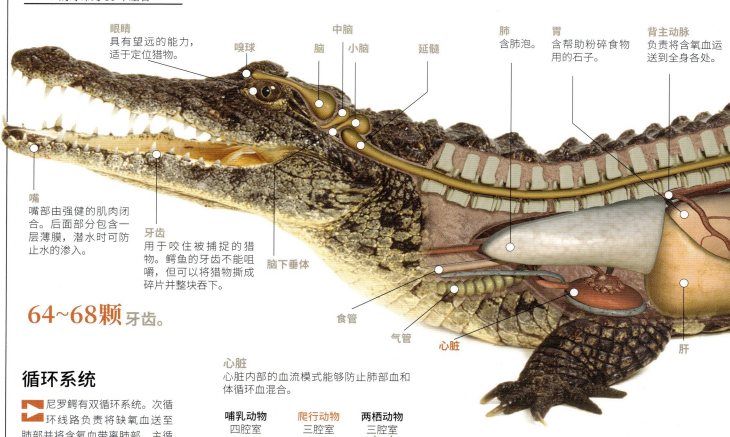

眼睛 具有望远的能力，适于定位猎物。

嗅球

脑

中脑

小脑

延髓

肺 含肺泡。

胃 含帮助粉碎食物用的石子。

背主动脉 负责将含氧血运送到全身各处。

嘴 嘴部由强健的肌肉闭合。后面部分包含一层薄膜，潜水时可防止水的渗入。

牙齿 用于咬住被捕捉的猎物。鳄鱼的牙齿不能咀嚼，但可以将猎物撕成碎片并整块吞下。

脑下垂体

食管

气管

心脏

肝

64~68颗 牙齿。

循环系统

▶ 尼罗鳄有双循环系统。次循环线路负责将缺氧血送至肺部并将含氧血带离肺部，主循环线路负责将含氧血送到身体其他各处，并将缺氧血送回心脏。爬行动物的心脏有两个心房和一个心室，心室被不完整的心室膈膜部分隔开。

心脏 心脏内部的血流模式能够防止肺部血和体循环血混合。

哺乳动物 四腔室

爬行动物 三腔室

两栖动物 三腔室

血液循环 一个巨大而高效的血管网遍布爬行动物的全身。

地面上的菜单

爬行动物基本上属于肉食性动物，但也有些爬行动物遵循其他摄食习惯。蜥蜴通常以昆虫为食；蛇通常以鸟、啮齿动物、鱼、两栖动物甚至其他爬行动物等各种小脊椎动物为食。对很多爬行动物来说，鸟蛋及其他爬行动物的蛋是极为鲜美的大餐。彩色龟是杂食动物，它既吃肉又吃植物。爬行动物和其他种类的动物共同组成了一个更大的食物链的一部分，一些动物吃掉另外一些动物，以此维护着生态平衡。

植食性动物

▶ 这种食性通常是其他一些动物种群的特征，但存在一些爬行动物也吃植物，如海鬣蜥喜欢吃生长在海底岩石下的藻类植物。

绿鬣蜥

又称普通鬣蜥。它们是少数植食性类爬行动物中的一种，主要以绿叶和某些水果为食。

绿鬣蜥
（*Iguana iguana*）

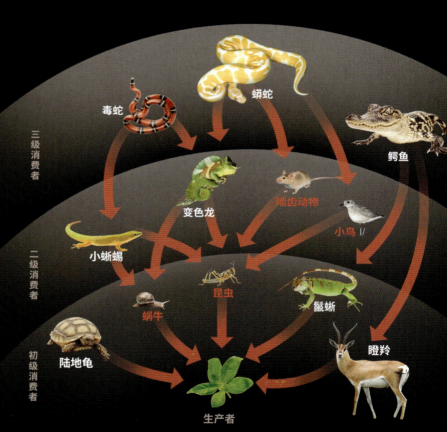

食物链

▶ 能够利用光合作用将无机碳转化为有机物的植物是食物链中真正的"生产者"。植食性动物以植物为食，因此被视为初级消费者；以植食性动物为食的动物属于二级消费者；以其他肉食性动物为食的动物组成食物链中的三级消费者。

新陈代谢

当蛇将猎物整个吞下后，它要花上几周甚至几个月的时间来消化这些食物。它们的胃液甚至能将猎物的骨头也一并消化掉。

蛇

蛇能够通过张大它们的嘴巴将猎物整个吞下。它们的牙齿并不是用来咀嚼食物的，而是用来捕捉、毒害和咬住猎物的。

X 光图像
这条蛇吞食了一整只青蛙。

肉食性动物

爬行动物的捕猎"工具"包括：善于把握机会的直觉、良好的反应能力、口中分泌润滑黏液的腺体、有效的免疫系统和带有嗅神经末梢的舌头。

鳄鱼
鳄鱼大量摄食无脊椎动物和其他种类的脊椎动物。鳄鱼幼仔主要以陆栖和水栖无脊椎动物为食，成年鳄鱼则主要以鱼类为食。

林龟
(*Clemmys insculpta*)

杂食动物

龟的行动可能较为缓慢，但除了植物外，包括软体动物、蠕虫及动作缓慢的昆虫幼虫在内的许多动物都在龟的菜单上。身长可达 2 米的赤蠵龟则以海绵动物、软体动物、甲壳类动物、鱼和海藻等为食。

睫角棕榈蝮蛇
(*Bothriechis schlegeli*)

繁 殖

大多数爬行动物都属于卵生动物。有些物种一次产很多蛋，然后让这些蛋自行发育。蛋一般会被产在保护措施良好的巢内，或是隐藏在泥土或沙子下面。海龟一般会到海岸边的沙滩上下蛋，然后将蛋留在岸上任由过客处置。但是，其他种类的雌性动物对它们的下一代的保护意识极强，很长一段时间内，它们都会待在巢穴附近，以便吓退那些想要猎食的动物。

水蚺
（*Eunectes murinus*）
一条水蚺一次可以繁衍几十条后代。刚出生的水蚺长度可达1米。

蛋壳

爬行动物的下一代在一个充满液体的囊中发育，这个囊被称作羊膜，里面存放着蛋。大多数爬行动物的蛋有着软而灵活的壳，但也有些爬行动物的蛋壳比较坚硬。幼仔可通过蛋壳吸收它们成长所需的氧气和水分，并从蛋黄中吸取养料。

卵生

卵生是指动物幼仔在孵化前就在蛋内完成发育过程的繁殖形式。有些动物能一次产下很多蛋，然后让它们自行发育，这些蛋通常被产在保护措施良好的巢内，或是隐藏在泥土或沙子下面；而另外一些动物，如鳄鱼，会严密地保护它们的幼仔。

雌性生殖系统
雌性生殖系统中有两个卵巢，内有卵子，卵子通过两条输卵管进入泄殖腔。受精过程发生在输卵管前端。

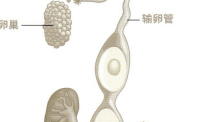

卵巢 — 输卵管
肾 — 壳
白蛋白
泄殖腔

① 成长
雌性动物将蛋埋起来后，胚胎开始发育。蛋为胚胎提供必要的氧气和食物。

② 破裂
幼仔在这种狭小的空间内运动时对蛋壳施加了压力，从而导致蛋壳由里向外破裂。

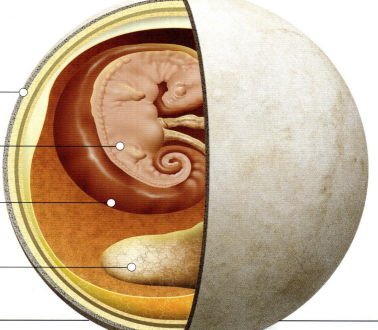

豹纹陆龟

壳
允许氧气进入，供胚胎呼吸。

胚胎
受到保护而不会失水干涸的胚胎能够在无水的环境下生存。

羊膜
包围着胚胎，保护胎儿不受损伤。

尿囊
胚胎肠的延伸。

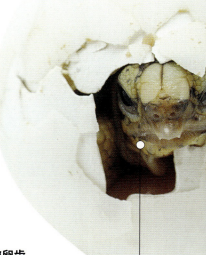

破卵齿
长在嘴上的一种角状的棘状突起，用于孵化时打破蛋壳。

爬行动物：背景 43

卵胎生

动物的受精卵在母体内发育为新的个体才被产出，其营养仍依靠卵自身所含的卵黄，与母体没有或只有很少的营养联系。孵出的幼仔就像是成年动物的微缩版。幼仔出生后即独立，不再需要父母的照顾。

豹纹陆龟的孵化期为
145~160天。

④ 出壳

幼仔可能要花上一整天的时间才能从壳里出来，它的肚脐上会挂着一个小囊，这个小囊就是在培育期为它提供养料的卵黄囊。

嘴
最先露出蛋壳的部位

脚
出壳时就已经具备了行动能力，因此爬行动物的幼仔一出生就能爬行。

甲壳
幼仔出生时，其甲壳已完全成形。

③ 孵化

小龟已经准备好要出来了，并开始用自己的身体打破蛋壳。

甲壳
甲壳的成长也会造成蛋壳的破裂。

豹纹陆龟
(*Geochelone pardalis*)

栖息地	非洲
食性	植食性
身长	60~65厘米
重量	35千克

矛头蝮
这种蛇一窝最多能产下80条幼蛇，每条幼蛇的身长可达34厘米。

蛋壳的坚硬度
蛋壳有软有硬，蜥蜴蛋和蛇蛋的蛋壳通常较软，龟蛋和鳄鱼蛋的蛋壳一般较硬。

坚硬的　**柔软的**

胎生

大多数哺乳动物都属于胎生动物。整个胚胎的发育周期都发生在母体内，胚胎通过与母体组织的密切接触获得养料。

蜥蜴和鳄鱼

有着长而强壮的躯体和锋利牙齿的鳄鱼是世界上危险的掠食者之一。年幼的鳄鱼吃小鱼、青蛙和昆虫。成年鳄鱼则能够吞食更大的动物,甚至吃人。本章我们将邀请你共同了解这些动物的生活和习性。你知道吗,蜥蜴是当今世界上种数

澳洲魔蜥
澳洲魔蜥得名于其锋利的体刺。这种蜥蜴每餐能吃掉约 2 500 只昆虫。

蜥蜴　46—47
科莫多巨蜥　48—49
海鬣蜥　50—51
壁虎　52—53
变色　54—55
受人崇敬又令人畏惧　56—57
尼罗河上最大的动物　58—59
美洲代表　60—61

最多的爬行动物。蜥蜴家族种类繁多,其形态和大小各不相同。按生物学分类,它们属于蜥蜴目,而且大部分属于肉食性动物。印度尼西亚的科莫多巨蜥以野猪、鹿和猴子为食,体重可达 135 千克。●

蜥蜴

蜥蜴类动物是爬行动物中最大的种群。它们能够在大部分环境中生存，但极其寒冷的地带除外，因为它们不能自己调节体温。有的蜥蜴居住在陆地上，有的则居住在地下、树上，甚至半水生环境中。它们能够行走、攀爬、挖洞、奔跑，甚至滑行。蜥蜴通常有着形态各异的头部、可移动的眼睑、坚硬的下颌、4只长有5个脚趾的脚、长长的带鳞片的身体和长尾巴。有些蜥蜴在受到威胁时甚至能自己把尾巴断掉。

残趾壁虎
(*Phelsuma*)

黏性脚趾

救命资源
每两块椎骨间都有断裂面，使尾巴能够脱离身体。

能够自动断裂的尾巴
有些蜥蜴一生中能够将自己的尾巴断掉很多次。在面临危险时，为了逃避掠食者，它们会自己断掉尾巴。尾巴上断掉的部分不久后还能再长出来。

变色龙

即避役。变色龙主要生活在非洲，尤其是非洲大陆东南地区和马达加斯加岛上。它们生活在丛林中，靠卷尾和脚趾的帮助攀爬树木。变色龙最著名的本领就是能够改变自己身体的颜色。这对它们很重要，因为这是它们抵御危险或求偶的主要手段。

伪 装

伪装是一种适应性优势。混入周围植物中能够帮助蜥蜴逃避掠食者的注意，还能帮它们捕捉猎物。

可远视的眼睛

米勒变色龙
(*Chamaeleo melleri*)

皮肤
有很多含有色素的细胞。

尾巴
必要时能卷起来。

适于抓握的脚趾
能够环抱并牢牢抓紧树枝。

壁虎和石龙子

长相类似蜥蜴的动物，它们生活在温暖的地区。它们的四肢短小（事实上，这类动物有些甚至完全没有腿）。它们的身体表面覆盖有一层光滑的鳞。

爪

蜥蜴和鳄鱼

目前世界上蜥蜴的种数约为 **3 000种**。

毒蜥属

毒蜥属仅有两个物种，主要生活在美国和墨西哥。这类蜥蜴以无脊椎动物和小型脊椎动物为食。它们体型粗壮，皮肤上有斑纹。它们是蜥蜴家族中唯一有毒的种类，能够对人类造成致命的伤害。

吉拉毒蜥
(*Heloderma suspectum*)

- **颜色** 有毒的警示。
- **肥大的尾巴** 可以储存脂肪以便日后使用。

- 鼻孔
- 带眼睑的眼睛
- 耳朵
- 嘴
- **冠** 从头部延伸到尾部。
- **皮肤** 皮肤的鳞上覆盖有坚硬的角质层。
- 鼓室下盾
- **垂肉** 肉质，雄性绿鬣蜥的垂肉较大。
- 冠
- **带爪的脚** 靠这样的脚走路、攀爬和挖洞。

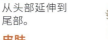

绿鬣蜥
(*Iguana*)

体温

蜥蜴生活在能够让它们维持自己体温的环境中，如森林中或沙漠中。

日光浴
上午 6:00
蜥蜴将身体暴露在太阳光下来吸收太阳光的热量。

活动
上午 10:00
开始一天的活动。

隐藏
中午 12:00
当太阳升至最高时，它们会躲到遮阴处，避免吸收过多的热量。

继续晒太阳
傍晚 6:00
再次回到日光下，但这次会将身体抬高一些，以便吸收来自岩石的热辐射。

鬣蜥

鬣蜥家族是美洲大陆上爬行动物中最大的种群，拥有最复杂的外貌。它们居住在美洲的热带地区，包括墨西哥的各大森林。到了交配季节，它们能够通过改变自身颜色来吸引异性。这一家族的蜥蜴都是素食主义者。

科莫多巨蜥

科莫多巨蜥是世界上最大的蜥蜴，属于巨蜥科，其身长可达 3.1 米，体重可达 166 千克，只生活在印度尼西亚的一些岛屿上。它们是肉食性动物，以袭击猎物时的凶残著称。它们的唾液中含有大量毒素，所以，它们只需咬猎物一口就能让猎物丧命。它们能够察觉几千米外其他科莫多巨蜥的存在。

印度尼西亚
- 班塔岛
- 松巴哇
- 科莫多国家公园
- 帕达尔岛
- 弗洛勒斯
- 科莫多
- 林卡岛
- 库德岛
- 芒通岛

科莫多巨蜥 (*Varanus komodoensis*)

| 栖息地面积 | 约 2 300 平方千米 |
| 数量 | 约 5 000 只 |

硬皮
科莫多巨蜥的硬皮上布满了黑色、棕色或深灰色的鳞片。

爪子
科莫多巨蜥的 5 个爪子非常锋利，主要用来抓住垂死的猎物。

胃
和大多数爬行动物一样，科莫多巨蜥的胃可以大幅度扩张。这让它们一次可吞下相当于自身体重80%的食物。

体长和重量
雄性科莫多龙的体长最长可达 3.1 米。雌性科莫多巨蜥稍小些。

- 150 千克 / 3.1 米 科莫多巨蜥
- 10 千克 / 1 米 绿鬣蜥
- 1.8 米 / 80 千克 人

长时间的狩猎

科莫多巨蜥具有灵敏的嗅觉，能够发现最远3千米处的其他动物的存在。它们靠其分叉的舌头探测空气中颗粒的气味来追踪猎物。科莫多巨蜥口中的犁鼻器能够帮助它们更快地查找出猎物所在的位置，使它们在追踪的过程中不至于消耗太多能量。

约5 000

约5 000只科莫多巨蜥生活在印度尼西亚的6个小岛上，包括科莫多岛。

1 搜寻
科莫多巨蜥用分叉的舌头搜寻猎物。在追赶猎物时，它的奔跑速度可达25千米/时。

嗅觉
科莫多巨蜥的嗅觉十分灵敏，能够嗅到最远5千米处的腐肉的气味。

2 咬伤
科莫多巨蜥顺着气味找到并捕获猎物。猎物一旦被咬伤将必死无疑。

唾液
唾液中可能含有对猎物造成伤害的毒素。科莫多巨蜥拥有控制血液凝结的基因，能够保护它们免受这些毒素的伤害。

3 进食
利用其口腔与颅骨之间灵活的关节，科莫多巨蜥可迅速地将食物吞下。它们能将猎物连皮带骨消化掉。

舌头
舌头分叉，主要用于品尝味道和感知。它能够感知各种大气尘粒，进而发现猎物。

4 争夺
闻到肉味后，其他科莫多巨蜥也会赶到，最大的科莫多巨蜥享受猎物身上最美味的部分。较小的科莫多巨蜥只能敬而远之，因为成年的科莫多巨蜥可能会猎食同类。

海鬣蜥

科隆群岛上物种丰富，其中就包括海鬣蜥，它们是世界上唯一的大部分时间都待在水里的鬣蜥。这种爬行动物生活在岩石海岸边，主要以海藻等藻类植物为食。它们能在水下待上 45 分钟，并能潜到约 15 米的深度。这种少见的能够慢速游泳的动物靠在低潮时收集海藻或潜水寻找食物为生。

群体生活

海鬣蜥是科隆群岛上的一种本土动物，也是唯一能够下海寻找食物的蜥蜴。海鬣蜥喜欢群体生活，这是此类动物的一个奇特之处，因为其他种类的鬣蜥多秉持独来独往的习性。除了进食时间，海鬣蜥都会将身体展开，躺在岩石上享受太阳的温暖。有时候，几千只海鬣蜥会出现在海滩上的同一区域内。但在交配季节，它们就很少能和平共处了，雄性海鬣蜥之间会为争夺雌性海鬣蜥而展开激烈的斗争。但到了筑巢期，雌性海鬣蜥会重建和谐。由于可供筑巢的地方很少，几千只雌性海鬣蜥会将蛋产在一起。每只雌性海鬣蜥能够产下 1~6 个蛋，它们会把蛋产在沙洞里。

带鳞的后背

腿
海鬣蜥在游泳时会将腿放在身体两侧。

尾巴
自卫时可用来抽打攻击者。

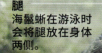

海鬣蜥
(*Amblyrhynchus cristatus*)

习性	半水栖
身长	50~100 厘米
活动范围	科隆群岛

11 千克　　1 米

平塔岛　　杰诺维萨岛
罗卡雷东达　马切纳岛
　　　　　　　　　赤道
苍姆斯岛　巴托洛梅岛
　　　　　西摩岛
费尔南迪纳岛　拉维达岛　巴尔特拉岛
　　　　　　　　圣克鲁斯岛　圣克里斯托瓦尔岛
　　　　　　巴灵顿岛　　　　　　　1°
伊莎贝拉岛　　　**科隆群岛**
　　　91°　　　　90°
　　　　圣玛丽亚岛　埃斯帕诺拉岛

科隆群岛

科隆群岛由 9 个较大岛和许多小岛组成。所有这些岛屿和岛礁都形成于火山活动过程中。它们沿赤道分布，位于南美大陆以西大约 970 千米处，属于厄瓜多尔的一部分。这些岛屿上的气候差异很大，主要由于汇集在群岛周围的洋流的不同。岛与岛之间彼此独立，每个岛上都有各自的本土动物种类，其中大多数是鸟类和爬行动物。

蜥蜴和鳄鱼　51

45 分钟
这是海鬣蜥在寻找食物时，在无空气状态下可待在水下的最长时间。

棘状突起
雄性海鬣蜥身上的冠一般比较大。在为争夺异性打架时，它们会用冠彼此冲撞。

游泳
英国博物学家达尔文曾用"敏捷且迅速"来形容海鬣蜥的游泳方式，但后来的研究和观察表明，事实刚好相反。这种目前只发现于科隆群岛的动物的游泳速度很慢，而且显得没什么力气。据相关记录，海鬣蜥最快的游速只有 0.85 米 / 秒，而且这样的速度只能保持 2 分钟。海鬣蜥的平均游速是 0.45 米 / 秒，只有最大的海鬣蜥能够有力气在海浪间游泳。

尾巴粗而扁

身体的波浪形运动推动它前行

腿弯向体侧

食性
体格较大的海鬣蜥才能吃到水中的海藻，较小的海鬣蜥则吃不到。虽然成年海鬣蜥能够潜到水中约 15 米深，但通常情况下，它们只在低潮的时候潜入水中觅食，持续时间不超过 10 分钟。而年轻的海鬣蜥一般不会下水，因为它们的体温可能会迅速下降，所以它们只能以长在暴露的岩石上的、或涨潮时留下的海藻为食。

盐
海鬣蜥的眼睛和鼻孔之间有腺体，这些腺体能够帮助海鬣蜥将盐分排出体外。随着强有力的呼气作用，海鬣蜥会喷射出一股气流，随这股气流散开的盐会落到海鬣蜥的头上并形成一个白冠。

海藻
这些岛屿上生长着不同种类的海藻，它们可能是导致不同岛屿上的这类爬行动物颜色各不相同的原因。

爪子
海鬣蜥的爪比陆栖鬣蜥的爪更长、更锋利。这使它们能够依附在岩石上，以避免被海浪冲走。

水面以上
它们群聚在海边晒太阳。

高潮
12 小时
海平面

低潮
12 小时

中间区
它们可以爬行或潜到该区域寻找食物，根据潮位选择采用何种方式。

海藻

潜水区
该区内的海藻很多，但海鬣蜥必须通过潜水才能得到它们。

壁虎

壁虎是一种体型较小、较细长的蜥蜴类动物,这类动物大多生活在热带和亚热带地区,包括岛屿和沙漠。很多壁虎都有自己的洞穴,也有壁虎喜欢在岩石缝中安家。它们属于夜行动物,能够通过自断尾巴来逃避猎食者。这些敏捷的攀爬者能够在光滑的垂直面上行走,甚至能通过脚上细小的体毛让自己倒置,它们脚上的体毛能够让它们黏在它们接触的东西上。

叶尾壁虎

这种壁虎在用尾巴将自己悬挂起来时很像一片叶子,也因此而得名。雄性壁虎能够发出类似于呼叫声的声音,叶尾壁虎的声音尤其大,音调也较高。

壁虎科成员的种数约为 1 000 种。

25 厘米

叶尾壁虎

拉丁学名	(*Uroplatus*)
所属家族	壁虎科
栖息地	树上
活动范围	非洲马达加斯加岛
食物	肉食性

壁虎的飞行

库氏飞虎生活在东南亚的树木上。与其他飞蜥类动物不同,库氏飞虎靠其带蹼的脚滑翔。不飞行时,这种动物大部分时间都头朝下倒挂在树上,时刻准备着下一次快速起跳。

壁虎能够自己断掉尾巴,这样做能够让它遇到危险时迅速逃生。

肌肉发达的腿使其善于爬行。

A 张开四肢
在滑翔过程中,趾间的膜起到了翅膀的作用。

B 背向内弯成弓形
身体两侧的膜和扁平的尾巴能够帮助它们调节降落时的姿态。

蜥蜴和鳄鱼

鳞状眼睛
与其他大多数蜥蜴类动物不同,壁虎没有可移动的眼睑。它们的眼睛被一层透明的膜覆盖。这层膜会定期随其他部位的皮肤一起脱落。

壁虎会用其长而黏的舌头清理掉眼睛上的这层膜上的灰尘。

壁虎不能眨眼。它们只有固定的晶状体,虹膜会在黑暗中扩张。

带吸盘的脚趾
壁虎的脚趾被光滑的膜包裹着。壁虎能够径直向上爬,还能吸附在光滑的表面上,这主要是因为它们的每根脚趾上都有一个圆盘,圆盘上有被紧紧包裹着的凹面区,作用相当于吸盘。

皮肤上的纹理能够帮助它们混入周围环境。

刚毛
壁虎的脚趾端有细小的丝状体,这些丝状体被称作刚毛。

铲状匙突
每根刚毛末端有上千根微小的铲状丝,称为铲状匙突。

爪

刚毛列

一种罕见的现象
科学家们已先后用静电原理和微观物理学来解释壁虎的这种黏附能力(因为有这种能力,它们甚至能在玻璃上爬行,而且不会把玻璃弄脏)。

一只壁虎脚上刚毛的数量约为

200万。

脚趾向后
壁虎爬行时,每秒钟最多可做15次这样的动作。

落地并支撑
铲状匙突彼此间距离很近,与物体表面距离也很近。

微小的毛束
产生同样的力量,将分子聚集到一起。

提起脚掌
呈30°角,以中断吸引力。

变 色

变色龙因善于改变皮肤颜色而闻名。另一个有趣的事情是,它们的舌头能够在几秒钟之内伸到很远的距离。大多数变色龙都生活在非洲。可卷曲的尾巴和脚趾使它们成为优秀的攀爬者。它们的另一种特质也很有用,即它们的每只眼睛都能独立转动,这让它们能够观察到 360°视野范围内的事物。扁平的躯体有助于它们保持平衡及在树叶间藏身。

善于抓握的尾巴
它们用长长的卷尾而不必用脚来抓住树枝。

骨
在抛出舌头时起到支撑的作用。

可伸展的舌头
变色龙的舌头长而轻,有黏性且能伸展。变色龙通过抛射舌头来捕捉猎物。

1 收缩
舌头与加速肌肉间的几片胶原因受到压缩而形成螺旋状,为将舌头向外推储备了必要的能量。

最多 600%
伸出去的舌头的长度最长可以是卷起来时的 600%。

如何改变颜色
在民间传说中相当著名的变色龙的变色能力并不像人们普遍认为的那样是为了适应周围环境,而往往是跟光线和温度的变化、求偶的需要或是逃避猎食者有关。此类颜色变化都是激素作用于皮肤中的色素细胞而产生的。这些位于各真皮层中的特殊细胞发生反应并变换颜色,让变色龙可以伪装起来以避开猎食者的追捕。

A 当上层色素细胞探测到黄色时,鸟粪素细胞的蓝光会变成绿光。

色素细胞

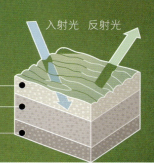

入射光　反射光

色素细胞
鸟粪素细胞
载黑素细胞

蜥蜴和鳄鱼 | **55**

七彩变色龙
（*Furcifer pardalis*）

活动范围	马达加斯加岛
栖息地	沿海区域
生活方式	昼行

35~50 厘米

食性
这些昼行猎手习惯等候猎物经过它们身边。它们的食物包括节肢动物和小型无脊椎动物。它们喜欢吃的昆虫有蟋蟀、蛆、蟑螂和飞蛾。此外，它们的食谱上还有鸣禽和老鼠。

舌头
被胶原组织覆盖

舌尖
舌尖伸开，其黏性表面可捉住猎物。

2 伸展
加速肌肉压缩储存能量的胶原组织将舌头射向猎物。

3 收回
弹性组织再次收缩，卷起粘有猎物的舌头，并将其收回到初始状态。

B 载黑素细胞中含有黑色素，能够调节反射光的亮度和强度，从而达到变换颜色的效果。

入射光　反射光

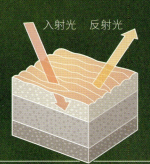

脚
变色龙的脚趾分为两部分，两根脚趾朝外，三根脚趾朝内。

两根脚趾
三根脚趾

受人崇敬又令人畏惧

鳄鱼（包括短吻鳄、凯门鳄及恒河鳄等）是很古老的动物，它们与恐龙同属于初龙型类爬行动物，在过去的2亿多年里它们发生的变化却很小。它们可以长时间保持不动，在此期间，它们主要都在晒太阳或在水里休息。鳄鱼不仅能游泳和跳跃，甚至还能快速奔跑并精确有力地袭击猎物。尽管鳄鱼生性凶残，但雌性鳄鱼对幼仔的照顾比其他现存的爬行动物都细致。

下颌 当鳄鱼将嘴闭合时，它的下齿就会被隐藏起来。

鳞 尾巴上的鳞呈扁平状。

恒河鳄（*Gavialis gangeticus*）

栖息地	淡水区域
种类数	1种
危险等级	无害

4~7米

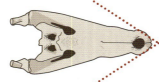

恒河鳄 有长长的窄口鼻部，门牙很长。

凯门鳄 口鼻部呈V形，比短吻鳄的口鼻部窄。

短吻鳄 鼻子宽而短，呈U形。

恒河鳄

恒河鳄是鳄鱼家族中最奇怪的成员。它们长着长长的窄口鼻，上面长有短小而锋利的牙齿，可以用来在水中打捞食物。连成一排向外弯曲的牙齿，使它们能够完美地咬住光滑的鱼。成年雄性恒河鳄能够发出响亮的嗡嗡声，这种声音是它们呼出的气体撞击鼻子上的一个突起物时发出的，能够帮助它们赶走对手。

口鼻部 长长的窄口鼻

牙齿 前端的牙齿最长

1 鳄鱼靠四肢向前移动 — 前腿先行。

2 四肢悬空 — 然后，后肢开始行动。

3 如此循环 — 尾巴上扬起到制动器的作用。

鳄鱼全速奔跑时速度可以达到 **15千米/时。**

蜥蜴和鳄鱼　57

美国短吻鳄
(*Alligator rnississippiensis*)

栖息地	淡水区域
种类数	8 种
食物	昆虫、哺乳动物和鸟类

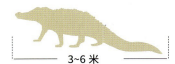
3~6 米

爪

鳞

关节

短吻鳄和凯门鳄

短吻鳄和凯门鳄都是几乎完全依赖于淡水生存的鳄鱼。它们将蛋产在用草、泥和树叶搭成的窝里，蛋壳较硬。雌性鳄鱼通常待在窝附近，防御偷盗者的进攻。短吻鳄看似很笨，但它们能够精确地使用自己的上下颌。雌性短吻鳄经常把蛋含在口中来促进它们的孵化。它们会用舌头推着蛋沿上颌滚动，直到蛋壳破裂。

牙齿
这种鳄鱼一般有 64~68 颗牙齿。下颌上的第 4 颗牙齿在鳄鱼将嘴巴闭合时依然可见。

如何运动

虽然鳄鱼的首选运动方式是游泳或爬行，但当感觉受到威胁时，它们也会跑上一小段距离。鳄鱼奔跑时的最快速度为 15 千米/时。奔跑时，它们的腹部会被支起到膝盖以上，肘关节会略微弯曲。它们还可以以更快的速度在泥地里滑行。

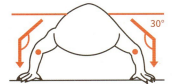

姿势
半蹲式。膝盖和肘关节都略微弯曲。

游泳
鳄鱼用尾巴游动，它们的尾巴能够在水中灵活地摆动。

鳄鱼

鳄鱼与蜥蜴十分相似。它们的最大特色是其巨大的身躯及凶残的本性。其背部从上至下有数排骨板，看起来像棘状突起或牙齿。鳄鱼能够在水里待很长时间，它们能够在水下吞咽食物，却不会溺水。它们在海滩上的洞中搭窝。澳大利亚北部热带地区的澳洲淡水鳄能够四脚腾空地蹿入水中。

尼罗河上最大的动物

给人深刻印象的尼罗鳄被认为是非洲危险的动物之一，它们是居住在非洲大陆上的鳄鱼之一，也是非洲最大的爬行动物。尼罗鳄生活在淡水湖和淡水河中，体长可达 7 米，体重可达 1 000 千克。这种暗橄榄色的巨型动物因为吃人而落得了坏名声，人们对它们既憎恶又崇敬，尤其是在古埃及，当时人会把鳄鱼做成木乃伊来膜拜。

活动范围

尼罗鳄生活在尼罗河沿岸及非洲撒哈拉沙漠以南地区。非洲大陆附近的海洋水域及马达加斯加岛上也有这类鳄鱼。它们栖息在河流三角洲、湖泊、大型沼泽及河口区域。现在，肯尼亚、坦桑尼亚、以色列、印度尼西亚、法国、日本和西班牙等许多国家都有人工饲养的这种鳄鱼。

尼罗鳄
(*Crocodylus niloticus*)

身长	7 米
活动范围	非洲
重量	1 000 千克

1 000 千克　　7 米

1.8 米
80 千克

习性

在陆地上，鳄鱼通常腹部贴地爬行，但它们也能支撑起身体并伸开四肢走路或奔跑。因为它们持续性地需要外部热源，所以它们经常张着大嘴晒太阳。这样，微风能够降低它们口中薄膜的温度，帮助它们调节体温。它们非常适应水中的生活，能够利用尾巴在水中游泳。

背上的鳞片

良好的保护层
鳄鱼身上的鳞片有如盔甲。有蹼的脚能够帮助它们在水中游泳。

眼睛

V 形口鼻部

蜥蜴和鳄鱼 59

不安分的猎手

▶ 尼罗鳄是出色的掠食者。它们猎食鱼类、羚羊、斑马甚至水牛。此外，它们还能跳上岸到鸟巢里抓鸟吃。虽然尼罗鳄喜欢独来独往，但有时，几只鳄鱼也会共享一顿美餐，一起到浅水域围捕鱼类。它们会猎食在水边喝水的动物，先把猎物拉进水里，将它们淹死，再将尸体撕成碎片。

1 潜行靠近
虽然体型庞大，但鳄鱼能够通过秘密行动出其不意地捕捉猎物。尼罗鳄先潜行靠近猎物，再伺机抓住它。

疣猪

眼睛露出水面

2 袭击
在捕捉大型猎物时，它们会等到猎物靠近水边喝水时再发动袭击。

3 溺死
在用嘴牢牢咬住猎物后，尼罗鳄会将猎物拉进水里，将它困在水下，直到它溺水而亡。

尼罗鳄在水下潜伏的时间可达
3小时。

繁忙的雌性鳄鱼

▶ 雌性鳄鱼在位于水平面以上的洞穴里产下16~80枚蛋。一只雌性鳄鱼一生只用这一个洞。在孵化期，它们会小心翼翼地保护它们的蛋；而当幼仔孵化时，它们会小心翼翼地叼起幼仔，然后把幼仔成群地带到水中。雌性鳄鱼与幼仔会在一起6~8周，然后慢慢分开。

孵化出来的幼仔
在前4年里，小鳄鱼会一直生活在洞里。在这段时间，它们的身长能达到约3米。

美洲代表

凯门鳄也属于鳄目动物。这种凶猛的爬行动物只生活在美洲的热带地区，主要栖息在湖泊和沼泽区域。有时候，为了觅食，它们也会进入人类居住的区域。凯门鳄家族成员中有宽吻凯门鳄、黑凯门鳄和光脸凯门鳄等。其中，最大的一种是黑凯门鳄，它们的名字来源于其皮肤的颜色。

黑凯门鳄
（*Melanosuchus niger*）

栖息地	亚马孙河近赤道区
生活方式	水陆两栖
身长	可达 4.5 米
寿命	30 年

400 千克　4.5 米　1.8 米　80 千克

99% 这是凯门鳄数量减少的比例。非法狩猎导致这个物种面临着灭绝的危险。

繁殖

凯门鳄在水中进行交配受精成功后，雌性凯门鳄便开始筑巢，用干草木和泥土搭建一个土堆，然后用后腿在土堆中央刨个洞，并把蛋产在洞里面，一只雌性凯门鳄一次能产下 30~75 枚蛋。下完蛋后，雌性凯门鳄会用土将巢盖住。有时候，雌性凯门鳄产完蛋后就会回到水中，从此不再管它的那些蛋。

巢
暴露在空气中的蛋的温度较低，孵化出来的将是雌性鳄鱼。

未来的雄性鳄鱼

未来的雌性鳄鱼

树枝和干树叶

鳄鱼母亲和它的孩子们
有些雌性鳄鱼会拼命地保护它们的下一代。

黑凯门鳄

蜥蜴和鳄鱼　**61**

大口

凯门鳄的牙齿不是用来咀嚼或切割食物的,而是用来捕获、咬住并刺穿猎物身体的。如果猎物比较大,如水豚或野猪,凯门鳄会将猎物的身体拽过水中,然后撕扯下一大块肉并吞下。凯门鳄还会把猎物藏在水下,以此来软化其身体组织,以便它们在吞食猎物时能轻易地将猎物的肉撕扯下来。

72~76颗牙齿

锥状的牙齿
凯门鳄的长牙专门用来捕获猎物,它们可以不经咀嚼就把猎物的肉整块吞下。

头部解剖标注:口鼻部、上颌、眼睛、皮肤感应器、使用中的牙齿、新牙、下颌

再生
掉落的牙齿可以重新长出来。

艰难的生活

美国路易斯安那州有一只没有皮肤色素的白色短吻鳄。它只能生活在人工饲养的环境中,因为缺少色素这一特质,它无法在野外生存,也无法从太阳光中吸取能量。吸取太阳能量对鳄鱼的生存至关重要,尤其在保持体温方面,因为它能保证鳄鱼有足够的能量去袭击猎物。

眼睛露出水面
鼻孔露出水面
身体位于水下

成年鳄鱼
成年鳄鱼白天大多数时间都待在水中。到了晚上,它们会到岸边打猎。

龟和蛇

本章向你展示龟鳖目和蛇目的奇特世界，你将了解到这两类动物的身体结构、生活环境和猎食方法等，还会知道为什么有些动物只以蛋为食，而有些动物（如蟒）要缠绕猎物使其窒息而亡。同时，本章内容还将向你揭示一系列关于龟的骨骼及龟壳的有趣知识（如有些龟类有

绿树蟒
以树木为栖息地的绿树蟒喜欢头朝下盘绕在树枝上,静静地等待猎物。这种蟒主要猎食一些小型的哺乳动物和鸟类。

缓慢而沉稳	64—65	致命的拥抱	72—73
长寿的巨龟	66—67	特化后的嘴	74—75
海中的龟	68—69	眼镜蛇	76—77
内部结构	70—71	食卵蛇	78—79

着流线型的壳,因此能够在水中轻松地滑行)。人们可能会认为龟是一种爱好和平的动物,但实际上,很多龟是肉食性动物,它们不仅捕食较小的无脊椎动物和鱼,甚至还猎食一些较大的动物。●

缓慢而沉稳

龟鳖目动物自大约 2.3 亿年前就已经出现在地球上了，至今变化极小。龟能生活在陆地上、淡水中或咸水中。不管怎样，所有龟都必须靠阳光和热量才能生存下去。此外，它们还有一个共同点，即都在陆地上产蛋。水栖龟几乎都是肉食性动物，有些陆栖龟则为植食性动物。龟身上那坚硬的外壳是它们最引人注目的特质。硬壳起到包裹和保护龟体内柔软部分的作用，还能帮助它们伪装自己，以逃避掠食者的猎捕。

淡水龟

多数种类的龟都生活在淡水中。它们的脚能够帮助人们对其进行区分。它们的脚部分或全部被蹼连接着，使在水里游动成为它们擅长的活动。此外，龟壳也是它们的鉴别标志之一。与陆栖龟的壳相比，淡水龟的壳较为扁平。有些淡水龟能够很好地适应陆地生活。一般情况下，它们更喜欢植被丰茂的温暖气候，因此通常会生活在位于世界各亚热带地区的沼泽和河流附近。不同种类的龟的壳也各具特色。例如美洲箱龟的壳能够完全闭合。

中华鳖
（*Pelodiscus sinensis*）
它们生活在沼泽和小河中，主要以鱼和软体动物为食。

现存龟鳖目有

260 余种。

头
中华鳖长着尖鼻子。

颈
中华鳖的脖子比其他种类的龟鳖目动物的长。

壳的种类
不同栖息地的龟的壳也各不相同。

壳
这种龟的壳很软且薄。

流线型
棱皮龟

扁平型
红耳龟

带棱突的壳
大鳄龟

海龟

海龟是罕见的龟鳖目动物，它们生活在温暖的水域中，十分擅长游泳。海龟没有脚，但长有鳍状肢，前肢能够帮助它们向前移动，后肢则起到方向舵的作用。海龟的壳平整而呈流线型。它们有着双重呼吸系统，最多能够在水下潜伏两个小时。

玳瑁
（*Eretmochelys imbricate*）
海龟科动物一般较重，体型也较大。这种海龟的体重为35～127千克。

壳
较小、扁平，与骨架相连。

躲避危险

很多科学家都认为，龟鳖目动物的壳很久以前就能起到保障它们生存的作用了，那时同它们一起生活在这个世界上的还有很多其他爬行动物，包括已经灭绝的恐龙。龟壳由半球形的背甲和扁平的腹甲构成，并通过前后腿之间的骨桥连接在一起。壳的外层由皮肤和角状盾片构成，内层由骨骼构成。龟鳖目动物将头缩回壳内的方式不尽相同，主要取决于它们的脖子是直的还是弯向一侧的。陆栖龟可以将头和脚都缩回壳里，从而达到保护整个身体的目的；而海龟的骨架则是完全与它们的壳结合在一起的。

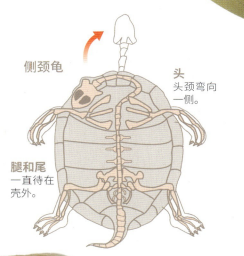

侧颈龟
头 头颈弯向一侧。
腿和尾 一直待在壳外。

直颈龟
头 这类龟能够通过一种垂直下摆机制将头缩回壳内。
腿和尾 向上折叠并被带进壳内。

龟的年龄
我们可以通过计算龟鳖目动物的壳上的角状盾片得知它们的年龄，这些盾片每年都在生长。

壳 由盾片构成。

赫曼陆龟
（*Testudo hermanni*）

腹甲 下面的壳。

在坚实的土地上

陆栖龟的腿受到了最好的保护，因为它们全被大片的鳞覆盖。它们的壳也是最圆的。很多陆栖龟都能够用其前腿挖很深的洞，用作躲避恶劣天气和其他掠食者的避难所。哥法地鼠龟（*Gopherus polyphemus*）能够挖出10米深的地道。有些陆栖龟还能够造成极其疼痛的抓伤。

长寿的巨龟

更新世之前及更新世时期,巨型陆龟曾经生活在大洋洲和南极洲以外的各个大陆上。如今它们在各大陆上近乎灭绝,主要分布在非洲、美洲、亚洲及一些热带岛屿上。科隆群岛上的科隆象龟是世界上最大的陆龟,其体重可达400千克。目前尚存的最老的象龟大约200岁。

科隆象龟
(Geochelone elephanlopus)

栖息地	科隆群岛
食性	植食性
高度	可达1.2米
长度	可达1.5米

"孤独的乔治"
"孤独的乔治"是最后一只平塔岛象龟(科隆象龟的亚种)的昵称。2012年6月"孤独的乔治"死亡,标志着平塔岛象龟灭绝。

科隆群岛地名:罗卡雷东达岛、平塔岛("寂寞的乔治"的故乡)、杰诺维萨岛、马切纳岛、詹姆斯岛、巴托洛梅岛、西摩岛、赤道、费尔南迪纳岛、拉维达岛、巴尔特拉岛、圣克鲁斯岛、圣克里斯托瓦尔岛、平松岛、巴灵顿岛、伊莎贝拉岛、圣玛丽亚岛、埃斯帕诺拉岛

1 繁殖 交配
科隆象龟的交配方式有些专横,雄龟会将雌龟按住,以便能够爬到它身上并完成交配。

2 1~2个月后 产蛋
在繁殖期,雌龟每2周下1次蛋,总共要搭建3~8个窝。

6厘米
巨型蛋 蛋壳很硬,呈球形。

生命周期
从雌龟受孕到孵出幼龟需要4个月的时间,产蛋的过程一般要持续几个小时。在这一过程中,雌龟最多会减轻20%的体重。科隆象龟的巨大体型让它们变得懒惰,大多数时间里,它们都成群地集中在海岸或沼泽附近温暖而干燥的火山土上晒太阳。有些龟吃腐肉。

3 2个月以后 孵化
孵化成功后,幼龟破壳而出。这一过程通常发生在夜间。

4 5年 发育
这种动物达到具生育年龄,此后还会继续成长且持续终生。

5 40年 体型大小最稳定的时期
此后,它的生长速度将减慢。

龟和蛇

近 1 000 枚
这是一只雌龟在一个繁殖期能够产下的蛋的数量。但是,能够幸存下来的幼龟却很少。

有肉峰的背
使这种龟能够向上伸展脖子。

伸缩自如的脖子
使这种龟能够将头缩回壳内。

长长的脖子
使这种龟能够够到灌木的叶子。

龟壳
重量达 250 千克,足以压垮一个人。

前腿
有助于龟的爬行。

鳞
这是这一目动物的一大特点。

爪
用于挖洞。

筑巢
雌龟能够在将近 5 小时内用爪子挖出一个漏斗形的洞。在挖洞的过程中,它用尿来软化土壤。雌龟会把蛋下在不同的层面上,并分别用土盖好,最后把洞填平。

巨兽
科隆象龟共 14 个种,都面临着灭绝的危险。它们的体型、壳的形状及脖子的长度都不尽相同。

- 人类 1.8 米
- 科隆象龟 1.2 米
- 阿根廷象龟 0.25 米

近亲
阿根廷象龟(*Geochelone chilensis*)是陆龟在大陆上的祖先之一。

一只陆龟在不吃不喝的情况下能够生存

近14个月。

盾片
亚洲陆龟的盾片有尖状凸起。

骨桥
连接着背甲与腹甲。

主要掠食者
除了人类的非法猎捕外,幼龟的低成活率也是导致象龟濒临灭绝的原因之一。幼龟经常受到被引进其栖息地的其他动物的猎杀。此外,成年雌龟的食谱导致它们必须与其生态系统以外的非本土动物竞争食物,其中包括山羊和其他牲畜。

人类引进的动物

鼠　山羊

狗　猪

海中的龟

海龟要让自己的身体各部分适应水环境：它们的前肢能够推动它们在水中游动，而它们的后肢则起到方向舵的作用，它们的壳呈流线型。因为有双重呼吸系统，海龟能够在水下连续待上数小时。它们在坚硬的地上筑巢，然后把蛋产在巢中。在选择下一代的出生地点方面，海龟一直秉承一种有趣的传统，即它们总要回到自己的出生地产蛋。

绿海龟
（*Chelonia mydas*）

栖息地	热带及亚热带水域
食性	植食性
长度	可达 100 厘米
寿命	50 年（估计值）

栖息地

冬天来临时，海龟会随着温暖的洋流（如墨西哥湾流）迁徙到更温暖的地方。但有时候，由于它们在这些洋流中待的时间太久，当洋流消失后，它们会被留在冷水中。

水深

海龟的鳍状肢能够帮助它们在水中有力地划动，因此，它们能够以一种像飞一样的方式在水中穿行。

- 30 米 肯普氏丽龟
- 70 米 绿海龟
- 1 000 米 棱皮龟

680 千克

棱皮龟的身长可达 2.7 米，体重可达 680 千克。

演化了的脚
已经变成了相对较大的鳍状肢。

鳍状肢
骨骼的延伸，是前肢的主要组成部分。

骨板
骨板镶嵌在又厚又滑的皮革似的皮肤里，棱皮龟因此而得名。棱皮龟的油性皮肤能够帮助它们保持体内的温度。

头
棱皮龟的头相对较大，不能缩回壳里。

眼睛
有两对眼睑。

棱皮龟
（*Dermochelys coriacea*）

大小

不同种族的海龟大小各不相同。现存的最大的海龟是棱皮龟，最小的是肯普氏丽龟。

- 肯普氏丽龟 65 厘米
- 玳瑁 90 厘米
- 赤蠵龟 110 厘米
- 绿海龟 140 厘米
- 棱皮龟 270 厘米

绿海龟壳
- 中央前盾片
- 四周盾片

棱皮龟壳
- 脊棱

繁殖

海龟的繁殖周期为一年、两年或三年。海龟在夏季筑巢,巢一般搭建在热带和亚热带地区的沙滩上,这些区域的平均表面水温始终保持在24℃以上。每隔一年、两年或三年,海龟就会从它们的摄食区返回,那里离它们筑巢的地方可能有几百乃至几千千米远。显然,海龟能够确切地记住它们的出生地。洋流和温度似乎起到了引导它们的作用。

迁回摄食区 — 交配 — 产蛋 — 幼仔 — 从出生地迁移

壳
流线型,上面凸起,下面几乎扁平。

腹甲
由灰色或灰绿色的横向盾片组成。

呼吸

海龟的肺呈楔形,位于壳的下面,并沿脊柱依附在它们的后背上。海龟还可通过它们的皮肤进行呼吸。

海龟的游泳速度能达到

游泳

为了适应游泳的需要,海龟的前肢发生了演化,演化成了较大的鳍状肢。它们的后肢呈桨形,趾骨(原来脚趾的位置)周围被一层薄膜包裹着,背上的壳变得扁平,使它们的身体呈流线型。

在水中的海龟通过其鳍状肢动作的节奏调节升降。

飞行般的动作
鳍状肢让海龟能够有力地划动,在水中像飞一样穿行。

后面的鳍状肢像桨一样推动着海龟前行。

内部结构

蛇是有鳞类爬行动物，有着长长的身体，却没有腿。有些蛇有毒，有些则没有。和所有爬行动物一样，蛇长有脊柱和由一系列椎骨构成的骨骼结构。不同种类的蛇在解剖结构上的差异揭示了它们的栖息地和饮食习惯——攀爬蛇长而细，穴居蛇短而粗，海蛇长有可当作鳍使用的扁平尾巴。

冷血
蛇的体温随环境的变化而变化，它们本身不能产生体热。

心脏
心室分隔不完全。

食道

肺

翡翠树蚺
（Corallus caninus）

大肠

树枝
树蚺能够通过变化自身颜色来模仿其缠绕的树枝。

脊柱
蛇的脊柱由一系列连接在一起的椎骨及这些椎骨的延伸部分构成，它们能够起到保护神经和动脉的作用。蛇的脊柱赋予了它们极大的灵活性。

原始蛇

蚺和蟒是地球上最早的蛇类动物。它们中的很多成员都长有爪子或足刺，那是从它们的祖先那古老的四肢退化而来的。这些蛇没有毒，但它们是巨大且强壮的蛇。它们多生活在树上，有些（如南美水蟒）也生活在河中。

巨蟒可长达 10米。

斑点星蟒
（Autaresia maculosa）
这种蛇栖息在澳大利亚的森林中。

椎骨
- 神经弓
- 椎骨体
- 椎弓突

浮肋
可以支撑身体变大。

肋骨的移动范围

- 椎骨
- 浮肋

一条蛇身上椎骨的数量为 400块。

龟和蛇 71

肝
肝较长，沿食道分布。

膀胱

胃

脾脏

鳞
主要见于背部区域。

对有毒蛇和无毒蛇的鉴别

有毒的蛇
头较宽，呈三角状。

尾巴
突然变细（如响尾蛇）。

身体
相对较长，较粗壮。

无毒的蛇
头较窄，很难与颈区分开。

身体
较窄且被光滑的鳞片覆盖。

尾巴
逐渐变细。

钩盲蛇

有些亚热带和热带地区的蛇生活在地下，只在干旱或洪灾的情况下来到地面。这类蛇是最小的蛇，有的长度不超过20厘米。它们有较大的头、少量牙齿及非常柔软且光滑的鳞片，这让它们能够钻进蚁丘或白蚁的巢穴中，这两个地方能够为它们提供食物。这些蛇的眼睛被鳞片覆盖，几乎不发挥作用。

小肠
小肠分为小段和大段，大段一直延续到尾尖前端。

皮肤
很多蛇类的下部皮肤上没有鳞。

卵巢
雌性蛇的生殖器官。

红外颊窝
蝰蛇科家族中的蛇以位于头两侧的两个热敏感颊窝为特色。这两个颊窝能够帮助它们感知温度差。有些蛇的颊窝非常敏感，能够帮助在夜间猎食时测量猎物的大小。

由栖息地决定的运动方式

直线行进
彩虹蚺

侧绕行进
沙漠蛇

蜿蜒行进
眼镜王蛇

折叠式行进
响尾蛇

老练的蛇类

蝰蛇科家族中的蛇及后来出现的一些其他类的毒蛇有着高度精准的感知能力和口部器官。它们的口中有一套伸缩自如的毒牙，用于注射毒液。

繁殖
蛇类的繁殖属于有性繁殖。大多数种类的蛇以卵生方式繁殖，也有些蛇以卵胎生方式繁殖。

现存蛇的种数约为
2 500种。

加蓬咝蝰
(*Bitis gabonica*)

致命的拥抱

蛇类动物已经掌握了很多杀死猎物的技巧。例如，蚺和蟒都是力量强大的"收缩器"，也就是说，它们不用毒液也能够让猎物窒息而亡。虽然它们都属于蛇目，但它们的生殖系统却不相同。由于体型庞大，它们的身体较重，因此只能缓慢爬行，这使它们很容易成为想要它们皮和肉的猎人们的猎物。

亚马孙树蚺
(*Corallus hortulanus*)

活动范围	南美洲
栖息地	树上
身长	2米

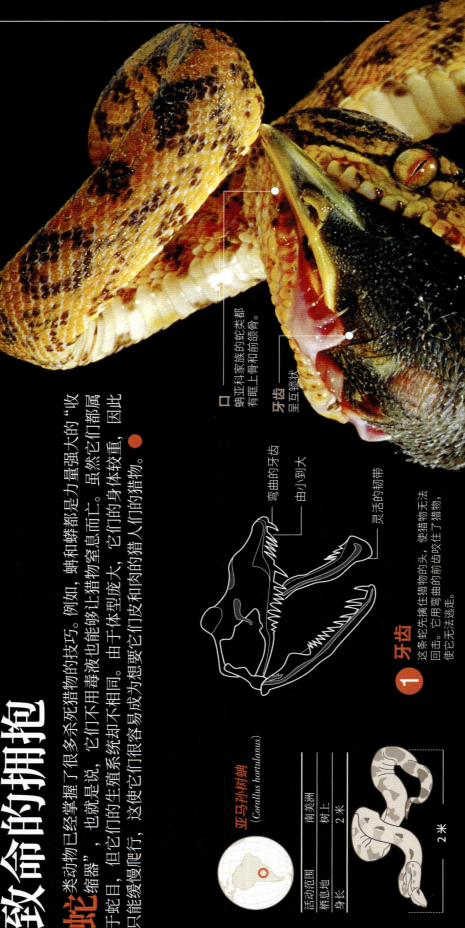

鳞片
具有热敏性。

口
蚺亚科家族的蛇类都有眶上骨和前颌骨。

牙齿
呈弓锯状

弯曲的牙齿
由小到大
灵活的韧带

1 牙齿
这条蛇先擒住猎物的头，使猎物无法回击。它用弯曲的前齿咬住了猎物，使它无法逃走。

树蚺
树蚺的身长可达2米，它们生活在树上。它们的颜色让它们能够混入周围的树叶中以逃避凶猛禽兽的猎捕。树蚺用卷住树枝，牢牢抓住树枝，同时将头向下垂，以向机扑向路过的鸟或哺乳动物。

❷ 收缩

然后用整个身体缠住猎物,给它一个致命的拥抱。猎物的每次呼吸只会促使它被挤压得更紧,直到猎物最终窒息而亡。

轴上肌放松
放松的轴上肌
轴上肌收缩
收缩的轴上肌
脊柱
形成压缩环

❸ 嘴张开到最大

猎物死后,蛇松开猎物开始进食。它会先吞下猎物的头部,然后逐步放开被它卷住的猎物的其他部分。进食时间的长短取决于食物的大小,从几分钟到一两个小时不等。

皮伸展开,鳞片彼此分离。

绿森蚺的长度可以达到 **8米**。

蛇用躯干肌推动猎物在体内移动,最终将其消化掉。

蚺的繁殖方式为**卵胎生**。

特化后的嘴

原始的蛇类长有沉重的头骨和极少的牙齿。虽然如此,大多数蛇长有较轻的头骨和有关节连接的颚骨。这些关节较松散,可以轻易移位,所以蛇能够吞下比它的头还大的猎物。上颌的牙齿是固定的,而用于注射毒液的毒牙不是长在嘴的前端,就是长在嘴的后端。有些体型较大又很强健的蛇长有可收缩的毒牙,这使它们在不用毒牙时可以把嘴巴闭上。

颅骨结构

各种蛇的颅骨结构与它们各自的食谱有直接关联。对于毒蛇来说,颅骨结构还与它的毒液注射系统有关。大多数蛇的头骨较小,且颚骨能够沿一条由方骨构成的垂直轨道自动分离,使蛇能够把嘴巴张得很大。

1 蝰蛇类

这种蛇的头骨上长有小颗的牙齿和大颗的能收缩的毒牙,毒牙很粗,或呈钩状。

犁鼻器
犁鼻器赋予了蛇极好的嗅觉。它主要由上颌上的两个腔构成。蛇在"尝"完外面的空气后,会把舌头收回上颌处。这就是为什么蛇要不断地吐舌头。

- 达氏腺
- 牵缩肌
- 毒牙
- 声门
- 上颌
- 方骨
- 合并的骨骼
- 牙齿

最致命的武器
响尾蛇长有又长又粗的毒牙。这些毒牙非常锋利,不用时折叠在口中。毒牙底部有一个可移动的关节,使毒牙在蛇张开嘴咬东西时能够竖立起来。

毒牙侧面
毒液通过这段管直接流入到猎物体内。
- 入口
- 出口

毒牙横截面
牙齿上有一个腔,供毒液穿过。
- 毒管

原蛇亚目

蚺和蟒都属于原蛇亚目，因为它们既没有毒牙，也不能分泌毒液。这类蛇长有几排向内弯曲的小牙齿，用于咬住并快速吞下猎物，使猎物无法逃走。相对而言，能够分泌毒液的蛇就无需担心猎物会逃掉了，因为它们知道，在它们把有毒的物质注入猎物体内后，猎物是不会跑多远的。

注射用毒牙

各种眼镜蛇喷射毒液的方式各不相同，主要取决于它们的毒牙类型。毒牙开孔的角度和方向决定了毒液喷射的力度。

森林眼镜蛇
（*Naja melanoleuca*）
这种蛇必须先咬住猎物再向其注射毒液。

黑颈眼镜蛇
（*Naja nigricolis*）
这种蛇的颌上有刺。

印度眼镜蛇
（*Naja naja*）
这是一种典型的眼镜蛇，它们将猎物咬住后向其注射毒液。

唾蛇
（*Hemachatus haemachatus*）
这类蛇能够向一定距离以外喷射毒液。

② 游蛇类
这类蛇的头骨前端没有毒牙，有些种类无毒，有些则长有带毒液投递沟槽的毒牙。

③ 眼镜蛇类
这类蛇的毒牙长在头骨的前端，较小，没有注射毒液用的管，而只有一个槽。

毒液系统

毒液系统由两个分别位于头骨两侧的达氏腺组成。达氏腺能够分泌毒液并与毒牙相连。当毒蛇咬住猎物时，肌肉收缩对腺体产生压力，激活毒液注射机制。

2米

射毒眼镜蛇通过喷射毒液可以杀死其周围2米以内的猎物。

喷射毒液

有40种眼镜蛇能够向一定距离以外喷射毒液。这些蛇在感觉自身受到威胁时就会喷射毒液，目的是自卫。它们能将毒液射入敌人的眼睛，给对方造成严重的伤害，甚至导致其死亡。它们的毒牙的形状是实施这种防御手段的必要条件。

不喷射状态
毒液管指向下方，顶端呈斜缘。毒液流没有冲力。

喷射状态
毒液管的开口指向前并缩窄，从而加大毒液的喷射力度。

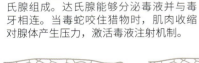

A 管牙类毒蛇
这种蛇长有一种中空而可收缩的长毒牙。通过使用这些毒牙，管牙类毒蛇能够将毒液注入猎物的组织内。

B 前沟牙类毒蛇
颌前端长有小毒牙。这些毒牙是固定的，后端带有传导毒液用的槽。

C 后沟牙类毒蛇
毒牙长在后端，没有毒液管或槽。猎物必须被送抵毒牙所在位置，才能将毒液注入其体内。

眼镜蛇

眼镜蛇是眼镜蛇科动物家族中的重要成员。这类蛇十分容易识别，因为它们都长着可伸展开的头巾状颈部。眼镜蛇世界闻名，主要是因为它们为耍蛇者所用。很多眼镜蛇带有致命的毒液，有些甚至能向数米以外喷吐毒液。眼镜蛇属的眼镜蛇是最广为人知的，它们广泛分布于亚洲，目前已被识别的独立物种有二十多种。所有这些种类都是肉食性动物，有些只吃蛇。

光滑的鳞
眼镜蛇长有光滑的鳞片。

红喷毒眼镜蛇
（*Naja pallida*）
红喷毒眼镜蛇是喷毒眼镜蛇中的一种。这种眼镜蛇栖息在非洲之角，那里的其他生物普遍都害怕这种眼镜蛇。脖子下面的黑色斑纹是这类蛇的一大特色。

黑色斑纹
脖子下面的黑带让这种眼镜蛇显得与众不同。

如何区分各种眼镜蛇
亚洲的各种眼镜蛇看似很像，但它们的颜色和鳞片的图案其实各具特色。最简单的识别方法就是看它们的头巾状颈部上的图案。

印度眼镜蛇（*Naja naja*）　**中华眼镜蛇**（*Naja atra*）　**孟加拉眼镜蛇**（*Naja kaouthia*）　**苏门答腊射毒眼镜蛇**（*Naja sumatrana*）

毒液
毒液的威力非常大，能够在几分钟内麻痹被攻击者的肌肉，使被攻击者无法逃脱，并最终心脏骤停或窒息而亡。

印度眼镜蛇
（*Naja naja*）
印度眼镜蛇是印度次大陆上分布广泛且著名的蛇类之一。它们最显著的特色是其头巾状颈部上的标记，就像一副眼镜。

条纹
腹部通常可见带状条纹。

头巾状颈部

当眼镜蛇感觉自己受到威胁或者准备攻击时，它们会张开其头巾状颈部，这样能使它的体型看起来更大一些。这一过程需要肋骨的配合，肋骨间的肌肉会将肋骨之间的距离拉大。当眼镜蛇上演这一幕时，证明它们已经做好了进攻的准备。有些种类的眼镜蛇在做出这样的动作时还会发出嘶嘶的声音。

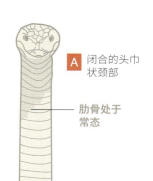

A 闭合的头巾状颈部

肋骨处于常态

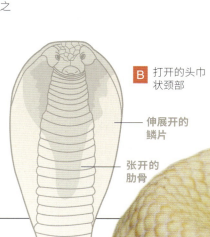

B 打开的头巾状颈部

伸展开的鳞片

张开的肋骨

龟和蛇

孟加拉眼镜蛇
(*Naja kaouthia*)

这种亚洲眼镜蛇长有柔软的鳞片。生活在不同区域的孟加拉眼镜蛇在颜色上有很大不同。它们的特质之一是头巾状颈部上的"单眼镜片",它们的英文名称也来源于此。

3.5~5 米

竖立时的高度：1 米

眼镜王蛇
(*Ophiophagus hannah*)

眼镜王蛇是最大的眼镜蛇科动物,身长可达 3.5~5 米。它们能够向后攻击,并且能够把头抬离地面 1 米以上。

单眼镜片
这个"单眼镜片"由两个同心圆环组成,因为其颜色为白色,所以很容易识别。

鳞片
摸上去较软。

斑纹
这类眼镜蛇的斑纹也很独特。

背
鳞片更为密集。

顶部鳞片　　背部鳞片

顶视图

唇下鳞片　　腹部鳞片

底视图

眼部鳞片　　侧面鳞片

侧视图

鳞片的分布

鳞片的外观能够简单明了地区分眼镜蛇所属的种类,通常不同种类的眼镜蛇头顶上大块鳞片的排列方式也不相同。唇下鳞片也被广泛地用于对各种眼镜蛇的区分。通常每条蛇有 5 片唇下鳞片,但其数量也会因蛇的种类不同而有所不同。腹部鳞片可能是蛇种类识别最简单的标志,因为不同种类的眼镜蛇的腹部鳞片存在明显的差异。这些鳞片通常较宽,覆盖蛇的全身,分为不同的区段：颈部、腹部和尾部。

食卵蛇

食卵蛇很常见，且对人无害。这类蛇的身体跟成人的手指一样粗，但它们能吃下比自己身体大的鸟蛋。这类蛇的大小和颜色可能会让人们把它们与蝰蛇混为一谈，但它们属于食卵蛇属家族中的成员。特别的椎骨是这类蛇的特征之一，能够帮助蛇在将蛋吞下时打破蛋壳。这类蛇在选择蛋时十分小心，它们会先用其高度精准的嗅觉确认蛋有没有腐烂。

独特的饮食习惯

这些蛇并不是每天都能找得到蛋，因此，它们会把蛋壳吐出来，以便为下次进食蛋时腾出更多的空间。

 3 厘米

 7.5 厘米

大小比较
通常蛋可能比蛇的嘴宽。

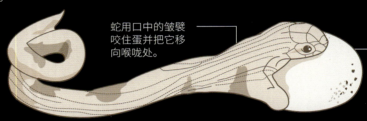

蛇用口中的皱襞咬住蛋并把它移向喉咙处。

蛋慢慢地进入蛇口，直到完全进入蛇的身体。

皮肤伸展开时，连在一起的鳞片会分开。

蛋很结实，在抵达骨质脊柱前不会破裂。

喉咙变回常态。

① 摄取
蛇通过一连串的动作将整枚蛋吞下，口越张越大，喉咙处的皮肤开始膨胀。

食卵蛇吞下 1 枚蛋所需要
15分钟。

一片瓣膜挡住了蛋壳碎片。

② 破裂
蛋到达脊突处，蛋壳被刺穿，然后被头部和颈部的肌肉压碎。

蛇吞下的蛋可能比蛇的嘴宽 **2~4 倍**。

4 反刍
蛇会沿地面慢慢爬行并拱起脊柱，然后将头抬起，并通过一系列肌肉收缩将蛋壳排出。

菱形食卵蛇
(*Dasypeltis scabra*)

栖息地	非洲南部
生活方式	夜行
繁殖	卵生

70 厘米

蛇张大嘴巴，排出已被卷成细圆柱体的蛋壳。

1 小时
这是蛇反刍蛋壳所需要的时间。

3 间歇
食物在消化道中被处理，直到头部下方的大块凸出部分消失，蛇的体型恢复常态。然后，蛇会将蛋壳推回到口中。

食卵蛇属
食蛋蛇属于食蛋蛇属。菱形食卵蛇通常为灰色或棕色，背下方有深色标记。这种蛇上颌有牙齿，下颌只有 3~7 颗退化了的小牙齿。这样的牙齿不会对咽下巨大的蛋造成任何阻碍。

人类和爬行动物

蛇 通常很吓人,并因此常被写入各种故事和神话。其实,很少有人知道蛇的真正面目。由于蛇没有听觉,从耍蛇者的篮子里出来的蛇实际上是随着长笛的移动而起舞的。有着危险分子名声的许多种类的蛇遭到了大规模的捕

马拉喀什的音乐

生活在这座城市广场上的耍蛇者非常有名,他们总能让人想起《一千零一夜》故事中的场景。

英雄和恶棍　82—83
被施了魔法的蛇　84—85
濒临灭绝　86—87
危险:诱饵和陷阱　88—89
越来越少　90—91

杀。当然,导致这种现象的原因还有那宝贵的蛇皮以及有些人想要捕捉它们做宠物的想法。事实上,大多数蛇是对人类有益的,因为它们抑制了鼠等有害动物的数量的增加。●

英雄和恶棍

自远古时代起，爬行动物就一直出现在各种神话和传说中，它们甚至在宗教典章中也占据了一席之地。在这些典章中，它们被描写成了神或芸芸众生。有时候，它们是邪恶的化身，有时候却又是神圣的象征。蛇和鳄鱼以及其他爬行动物都得到了它们自身的位置：它们在很多作品中扮演了积极的角色，同时也被赋予了独特而丰富的文化含义。

彩虹蛇
对于澳大利亚的原住民来说，这种蛇有着特殊的含义。在神话中，它们被描绘成了风之神和人类的保护神。

蛇
墨杜萨头上盘绕的不是头发，而是很多条蛇。

墨杜萨
传说，直视墨杜萨眼睛的人会变成石头。

宗教含义

蟾蜍在基督教里被直接与贪婪、性欲及贪食等不可饶恕的罪行联系在了一起。在埃及，鳄鱼备受崇敬，人们用贵重的珠宝来祭拜它们。蛇则出现在了希伯来文经文中。

凶猛的阿兹特克双头蛇
不列颠博物馆中收藏的15世纪的阿兹特克双头蛇。

夏娃
在《旧约》中，蛇与奸诈和不忠联系在了一起。诱惑夏娃吃下禁果的就是蛇。

羽蛇神
魁扎尔科亚特尔是羽蛇神的纳瓦特尔语名称。在阿兹特克人的万神殿中，羽蛇神是昼之神、玉米的缔造者、宗教礼节之神以及祭司的守护神。

索贝克神
索贝克神是古埃及人敬仰的神。他有着人的身体和鳄鱼的头，被认为是尼罗河的缔造者。传说他在世界形成时的混沌中浮出了水面。

范围

爬行动物几乎遍及世界各个角落，因此，它们总有机会进入世界各地的神话中。在美洲的印加和阿兹特克文化中，它们受人崇敬；在亚洲各地区的传说中，它们也常常成为主角。在中国和日本，有着蛇身的龙是权力和力量的象征，能够给人们带来健康和好运。

人类和爬行动物　83

象征
首尾衔接的蛇形雕刻品是神智学会使用的所谓的所罗门印章的象征。在佛教中，蛇代表着进犯的自然倾向。但是，在医学领域，蛇一直被与一种古希腊的象征物"阿斯克勒庇俄斯之杖"联系在一起。阿斯克勒庇俄斯是古希腊罗马的医术之神，他的这根杖上就缠绕着一条蛇。

湿婆
印度的毁灭之神，雕像中的湿婆手持一条环绕他的蛇。

龙
在古典神话中，龙通常与守护和保卫的主题联系在一起。

蛇形
在中国和日本，人们祈求有着蛇身的龙帮他们驱赶鬼怪。

龙
见于新加坡天福宫的龙的雕像。在东方文化中，龙是一种神秘的动物。

罪　恶
在基督教教义中，蛇与罪恶被联系在了一起。

鳄鱼
相关证据显示，在公元前5世纪，埃及人曾经把鳄鱼当作宠物来养。鳄鱼被豢养在索贝克神庙的水池里，饮食非常奢侈。

木乃伊化
鳄鱼死后会接受抗腐化处理，然后被放入石棺中，石棺周围还会堆放专属于它的宝藏。

被施了魔法的蛇

眼镜蛇是耍蛇者那令人着迷的表演中的主角，蝰蛇和蟒蛇则充当替补的角色。在亚洲，尤其是在印度，耍蛇者重复着古时候传下来的激动人心的表演。耍蛇者的足迹也从那时候开始遍及地中海沿岸。要掌握调教蛇的技巧，耍蛇者必须了解蛇的弱点。例如，它们回应的其实是长笛的移动而不是实际的声音。

历史悠久的技艺

自古就受人崇敬的耍蛇术是一种世代相传的技艺，它在西方殖民扩张时期达到鼎盛。那时候，耍蛇者被看作是异族，他们环游世界，在很多大城市的集市上表演，成为名副其实的东方大使。

不做表演时
篮筐被放在阴凉处，这样蛇的体温就不会因为接触太多阳光照射而升高，它们就不会太活跃。

他们是如何做到的

耍蛇者在表演前要先设定一个蹲伏的位置。

蛇身长的 1/3

1 召唤
耍蛇者将长笛靠近篮筐，召唤眼镜蛇。位置是关键，眼镜蛇的身体只能够提起到一定高度。

耍蛇者的簧管乐器被称作"喷吉"。

2 出现
乐器的摆动刺激眼镜蛇抬起它的身体。

眼镜蛇出现了。

眼镜蛇起舞。

3 起舞
当身体伸展到最大幅度时，眼镜蛇便开始起舞。高潮时，耍蛇者会亲吻眼镜蛇的头顶。

印度批准耍蛇表演

有一段时期，印度耍蛇者被指控在表演过程中虐待动物，但在2004年，印度耍蛇者重新恢复了耍蛇表演。

人类和爬行动物　**85**

家族传统
耍蛇是一种父传子的技艺。在孟加拉国，耍蛇者甚至组建了他们自己的社区。他们中的大多数人都属于比迪部族。

簧管乐器
事实上，是簧管乐器的移动而不是它的声音挑逗了眼镜蛇起舞。和其他蛇类一样，眼镜蛇是听不到声音的。

蛇
担任耍蛇表演的通常都是眼镜蛇，而蝰蛇和蟒蛇则充当替补的角色。

眼镜蛇

与蝰蛇不同，眼镜蛇不能在蜷曲的状态下发动袭击，也就是说，只要处在蛇的身体伸展部分的范围以外，耍蛇者就不会受到攻击。

蜷曲的部分

蛇身长的 1/3

濒临灭绝

海龟正面临着灭绝的危险。它们需要离开水去呼吸，这使得它们很容易被抓住。雌性海龟及它们的下一代面临的危险最大，因为雌性海龟通常都把窝建在岸边，而且没有什么遮掩，更容易受到掠食者或偷蛋者的袭击。还有一些海龟因落入渔网而丢掉性命。受沿海区域都市化的影响，海龟的筑巢区也受到了威胁。人造光将雌性海龟赶离了它们的天然产蛋路径。

赤蠵龟
（*Carella caretta*）

状态	濒危
栖息地	热带水域
身长	120厘米

赤蠵龟是栖息在热带海域岸边上的一种海龟。在繁殖季节，它们会迁徙到很远的地方。这种龟生活在较深的水域中，但有时，它们也会出现在海滨区域。赤蠵龟是肉食性动物，但不同年龄的海龟的食物来源也各不相同。

迁徙

有些海龟会游很远的距离到它们产卵的海滩上去。棱皮龟能够横渡整个大西洋。

人类和爬行动物 | 87

玳瑁
（*Eretmochelys imbricate*）

状态	极危
栖息地	大西洋暖水域
身长	60~80 厘米

玳瑁是一种小型海龟，中央龙骨状物及锯齿状边缘的壳是它们最明显的标志。美丽的壳让这种动物遭受了野蛮的捕猎。玳瑁寿命很长，相比其他种类的海龟，它们的迁徙活动较少。

棱皮龟
（*Dermochelys coriacea*）

状态	濒危
栖息地	热带水域
身长	1.3~1.8 米

棱皮龟是最大的海龟，也是世界上著名的迁徙动物。这种龟会定期横渡大西洋。它们用以筑巢和产蛋的海滩目前正因旅游开发而受到威胁。

中美洲河龟
（*Dermochelys mavii*）

状态	濒危
栖息地	中美洲和墨西哥
身长	50~65 厘米

这种海龟拥有掌形脚和符合流体动力学的壳，这使得它们能够很好地适应水里的生活。但在陆地上，它们却毫无防御能力。它们的尾巴很短，雌性海龟的头上部呈现橄榄绿色。它们在沼泽般的河岸边产蛋，一只雌性中美洲河龟一般能产下 6~20 枚蛋。它们经常受到河狸鼠和人类的猎捕。

绿海龟
（*Chelonia mydas*）

状态	濒危
栖息地	热带水域
身长	1 米

绿海龟是常见的海龟之一。它们生活在世界各地的热带和亚热带海域，是商业捕捞活动的主要受害者。绿海龟同样面临灭亡的危险，主要因为作为其交配区的海滨环境发生了很大的变化。

太平洋丽龟
（*Lepidochelys olivacea*）

状态	濒危
栖息地	热带水域
身长	50~75 厘米

太平洋丽龟（榄蠵龟）长有圆形的绿灰色壳，壳上有 5 片肋盾。嘴巴呈喙状，与鹦鹉的嘴相似。这种龟最喜欢的食物是甲壳类动物和水底软体动物。它们是一种小海龟，面临着濒临灭绝的极大危险。

饼干龟
（*Malacochersus tornieri*）

状态	易危
栖息地	东非
身长	14~17 厘米

饼干龟的壳不仅扁平而且非常灵活，因为它下面的骨骼上有开口。这种特性让这种龟能够爬进狭窄的裂缝中，以逃避鸟和哺乳动物的猎捕。这种龟还能够将自己塞进很小的洞中。

科隆象龟
（*Geochelone nigra*）

状态	易危
栖息地	科隆群岛
身长	可达 1.8 米

这类陆龟的壳及特性是经过一系列与众不同的演化后形成的，主要的决定因素是它们所赖以生存的各个岛屿的环境，尤其是气候和营养条件。很多龟长有很长的四肢，便于取食。有些岛上的象龟已绝迹。

黄缘闭壳龟
（*Cuora flavomarginata*）

状态	濒危
栖息地	亚洲
身长	可达 20 厘米

近几十年来，受农业作业扩张的影响，这种龟的数量正在锐减。中国台湾省的这种龟的数量已经稳定了下来，并显示出了复苏的迹象，但中国大陆的黄缘闭壳龟依然面临着很大的危机。

危险：诱饵和陷阱

海龟正面临着濒临灭绝的危险。有的海龟会在迁徙的过程中吃到为金枪鱼而设的诱饵，它们试图摆脱鱼钩，但这样的挣扎会损害它们的体内器官，使它们失去浮力，最终窒息而亡。渔网同样是一种能够夺走海龟性命的陷阱。现在，某些政府机构和私人组织正在寻找降低海龟及其后代子孙所面临的风险的方法。

海龟规避装置

棱皮龟等海龟喜欢在法属圭亚那及苏里南的大西洋海岸上产蛋。但是在到达这些地方之前，它们必须先克服海中的深海渔网设置的阻碍。为了在不妨碍捕虾的前提下帮助海龟躲避这种威胁，人们为渔网开发并安装了这种能够使海龟得以规避的装置。

海龟规避装置的作用

85% 的海龟能够通过该装置从渔网中顺利逃脱。

15% 的海龟会遇到困难或逃不掉。

A 捕获
在海中游泳的海龟被捕虾的深海渔网捕获。

B 逃脱
海龟游到网表面可供其呼吸的地方，然后逃脱。

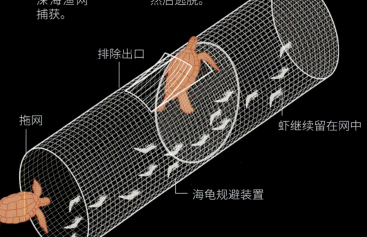

排除出口 — 拖网 — 虾继续留在网中 — 海龟规避装置

保护海龟蛋

人类在海边的活动妨碍了海龟的繁殖。为了保护海龟，各国已开始与一些非政府环境机构合作开展各项艰难的工作。在苏里南，人们会将海龟蛋收集在一起，以防它们落入非法贩卖者的手中，他们还在海龟巢的周围围上栅栏，以防这些巢遭到游客的破坏。在哥斯达黎加的加勒比海沿岸，人们在绿海龟大量产卵的地方建立起了托土盖罗国家公园。

大西洋的年海龟捕捞量

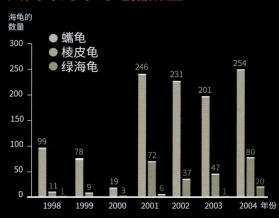

海龟的数量
- 蠵龟
- 棱皮龟
- 绿海龟

年份	蠵龟	棱皮龟	绿海龟
1998	99	11	1
1999	78	9	
2000	19	3	
2001	246	72	6
2002	231	37	
2003	201	47	1
2004	254	80	20

人类和爬行动物　89

商业用途
龟壳 龟甲壳被用来制作珠宝及装饰品。
整龟 对龟类宠物的需求导致了非法交易的出现。
龟肉 为了满足大量的消费需求，人类在不加控制地捕捞海龟。

通过使用圆形鱼钩，海龟的捕获量已经降低了

60%~90%。

长鱼钩
这种鱼钩能够被海龟吞下，导致它们内部出血或窒息。

延绳钓捕捞
以腐肉为食的海龟容易吃下诱饵。这些龟不能从鱼钩上逃脱，最终缺氧而亡。

3 000个以上
这是一条捕鱼主缆绳上的鱼钩的数量。

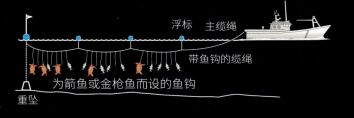

圆形鱼钩
这类鱼钩更宽，能够降低海龟被捕捉或吞下鱼钩的可能性。这样的改良使被鱼钩捕获或伤害的海龟的数量大大减少了。

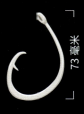

90毫米

73毫米

越来越少

很多种类的爬行动物正濒临灭绝,主要原因是人类活动造成的栖息地的流失。一些海岛上土生土长的爬行动物受到的威胁最大,因为能够支持它们繁育的资源已降至最低限度,而它们又无法移居到其他地方,也无法适应快速的环境变化。城区扩张、森林采伐以及水污染都是导致这种危机产生的重要因素。意识到这些问题后,很多国家已经制定了保护爬行动物的相关法规,但这些法规并非一直奏效。●

阿鲁巴岛响尾蛇
(*Crotalus unicolor*)

状态	极危
栖息地	阿鲁巴岛
身长	95 厘米

这种稀有而鲜为人知的响尾蛇栖息在阿鲁巴岛上大约 76 平方千米的区域内,目前濒临灭绝,主要原因是其赖以生存的生态系统的萎缩。1993—2004 年,野生阿鲁巴岛响尾蛇的数量仅有 185 条。阿瑞克国家公园开发的一个项目旨在保护这种蛇。

海岛矛头蝮
(*Bothrops insularis*)

状态	极危
栖息地	巴西
身长	80 厘米

这种毒蛇只栖息在巴西海岸外一个小岛上。这个名叫蛇岛的小岛的面积仅为 0.43 平方千米。森林砍伐是对这种蛇的生存造成威胁的主要因素。虽然这种蛇的数量还算稳定,但自然栖息地的流失让它们面临着灭绝的危险。

阿鲁巴岛响尾蛇
(*Crotalus unicolor*)

斐济冠状鬣蜥
(*Brachylophus vitiensis*)

玻鲁卡尔山蝰
(*Vipera bulgardaghica*)

状态	极危
栖息地	土耳其
身长	80 厘米

这种有毒且以啮齿类动物为食的蛇类主要生活在小亚细亚半岛。其受到的威胁主要来自非法买卖和其他一些人类活动。虽然这种蛇早在 1994 年就被列入了区域受保护动物的行列,它们依然面临着濒临灭绝的危险。

斐济冠状鬣蜥
(*Brachylophus vitiensis*)

状态	极危
栖息地	斐济
身长	75 厘米

对该物种生存状态的上一次评估发生在 2003 年。快速变化颜色的能力及背上尖刺状的冠是这种动物最主要的特征。斐济冠状鬣蜥栖息在沿海的森林中,其受到的最大威胁来自斐济各岛上引进的山羊。自 1981 年开始,亚杜阿塔巴岛被留作这种动物的主要避难所,专门用来保护这种动物。虽然如此,这种动物的数量依然在不断减少。

栖息地的流失

人类活动造成的栖息地的流失是导致爬行动物灭绝的主要原因。

人类和爬行动物　91

 耶罗岛大蜥蜴
（*Gallotia simonyi*）

状态	极危
栖息地	加那利群岛
身长	60 厘米

这种蜥蜴栖息在加那利群岛之一的耶罗岛的岩石上。据估算，近几十年来，这种动物的数量只剩下 200 只左右，确切的数量尚不确定。造成这种动物濒临灭绝的主要原因是栖息地的流失和引进山羊导致的食物竞争。现在，这些蜥蜴已得到保护，保护区内这种动物的数量已有所增加。

 牙买加游蛇
（*Alsophis ater*）

状态	极危
栖息地	牙买加
身长	85 厘米

这种猎食爬行动物的蛇栖息在牙买加山脉中。这种蛇没有毒，以极快的行动速度而闻名。1994 年，牙买加游蛇被列入极危的动物行列中。现在，人们几乎已找不到野生的牙买加游蛇了。有些专家认为，这种蛇已经灭绝了。

 土耳其和凯科斯岩石鬣蜥
（土凯鬣蜥）
（*Cyclura carinata*）

状态	极危
栖息地	巴哈马群岛
身长	36 厘米

自 20 世纪 70 年代以来，已有 13 个亚种群的鬣蜥消失了。目前该属鬣蜥中只剩一个重要族群尚存。它们生活在一片总面积为 13 平方千米的几个岛屿上。其受到的主要威胁来自人为引进的肉食性动物和城市化造成的栖息地的流失。

 西开普侏儒变色龙
（*Bradypodion pumilum*）

状态	极危
栖息地	非洲南部
身长	20 厘米

这种娇小而活跃的变色龙是南非土生土长的动物。十年前，这种动物常见于灌木丛中、花园中、种植园中及农作物间。但是现在，城市的扩张让这种动物也陷入了危险境地。现在只有自然保护区中有这种动物。

 扬子鳄
（*Alligator sinensis*）

状态	极危
栖息地	中国
身长	2 米

这种鳄鱼栖息在中国长江中下游地区。虽然人工饲养的扬子鳄数量相当多，但野生扬子鳄却几乎灭绝了。中国把扬子鳄列为国家一级保护动物，并在安徽、浙江等地建立了扬子鳄的自然保护区和人工养殖场。

术 语

氨基酸

含有碱性氨基和酸性羧基的有机化合物，是构成蛋白质的基本物质。

哺乳动物

哺乳纲动物的统称。哺乳动物有乳腺，其中雌性哺乳动物乳腺发达，以乳汁哺育幼仔。

垂肉

垂挂在下巴上的皮肤褶皱；有些蜥蜴和其他四足动物的垂肉能伸展到胸部。在争夺领地的战争中，有些动物会打开垂肉恐吓对方。

达氏腺

有些蛇类体内用于注射毒液的腺体，为一对改良后的唾腺，头部两侧各有一根。

大灭绝时期

短暂的地质间隔期。其间，生物物种的灭绝加剧，影响大量物种的生存并导致大规模的物种数减退。

蛋

卵生动物的卵，胚胎外包防水的壳。

蛋白质

由一条或多条氨基酸链组成的高分子。它们决定一个生物体的物理特征，并可以以酶的形式调节各种化学反应。

动物传染病

人类与其他脊椎动物之间可相互传染的疾病。

反射

神经系统在调节机体活动中，对内外环境刺激做出的适宜反应。是神经系统的基本活动方式。

分子钟

一种关于分子进化的假说，认为两个物种的同源基因之间的差异程度与它们的共同祖先的存在时间（即两者的分歧时间）有一定的数量关系。基于这个假说，可以计算生物谱系发育的年代表。

粪化石

动物粪便的化石。

腐食性动物

以死去动物的肉为食的动物。

腹甲

海龟或陆龟的壳的下边部分。

感受器

能够探测到内部或外部刺激的细胞、组织或器官。

冈瓦纳古陆

位于南半球的古大陆，范围大体包括今印度半岛、阿拉伯半岛、澳大利亚、非洲、南美洲和南极洲。

纲

生物分类学中的一个等级，低于门而高于目。例如，隶属于脊索动物门的爬行纲包括有鳞目等目和蜥蜴亚目等亚目。

孤雌生殖

发生在某些生物物种中的一种无性繁殖形式。以壁虎为例，雌性壁虎能够不借助雄性壁虎受精而产下幼仔（幼仔全部或大部分为雌性）。

管牙类毒蛇

管牙类毒蛇的上颌上只长有毒牙。当把嘴闭合时，上颌骨可以通过摇晃的动作把牙向后收缩，使其平贴在上膛上。这类蛇能够用其毒牙将毒液深深地注入猎物的组织中。

光周期

生物体对于白昼与黑夜的明暗长短变化的生理反应。分为年周期、日周期和月周期等。

龟鳖目

陆龟和海龟的总称。

核酸

核酸是脱氧核糖核酸（DNA）和核糖核酸（RNA）的总称。

横纹肌

由具有横纹的肌纤维组成的肌组织，包括骨骼肌和心肌。

后沟牙类毒蛇

这类蛇的毒牙长在上颌后方，前方牙齿较小。有的毒牙很光滑，有的则表面有凹槽，目的是让毒液能够流入它们造成的伤口中。

化石

位于地层中的各种古代生物（包括动物和植物）的遗骸，位于地球表面的地层中。

化石化

死去的生物体经过几千年的时间变成化石的过程。

基因

生物体携带和传递信息的最小基本单位，是

染色体中一段 DNA 序列。

脊髓
脊椎动物的中枢神经系统的一部分，被脊柱包围。

脊索动物
脊索动物门的动物；即在生长过程中或发育的某些阶段背侧有一条脊索的动物。脊索动物以外的动物被称作无脊椎动物。

脊椎动物
有脊柱作为身体结构中枢的动物的总称，脊柱围绕脊索发育。在大多数物种中，脊柱已完全代替脊索。

寄生虫
寄生动物的统称。

碱
通常指在水溶液中电离产生氢氧根离子的化合物。

结缔组织
由细胞核细胞间质组成，在体内起支持、营养、保护和连接作用的组织。

解毒剂
能够中和某种特定毒药作用的物质。

进化
一个生物物种在突变、自然选择及遗传漂变等过程中发生的基因库的变化。

精子
成熟的雄性生殖细胞，易移动性是其典型特征，体积比雌性生殖细胞小。

臼齿
口腔中用于粉碎食物的一组牙齿。

抗蛇毒血清
为被毒蛇咬而中毒的人配制的专门用于中和毒素的物质。

科
介于目和属之间的生物分类阶元。例如，蝰蛇科包括所有蝰蛇属动物。

可伸出的
用于形容一种爬行动物的舌头，这类动物的舌头能够自动以极快的速度和精准的动作向外抛出。

劳亚古陆
位于北半球的古大陆，由北美、欧洲和亚洲等古大陆组成，不包括印度板块。

冷血动物
靠外部热源控制体温的动物，主要是因为这些动物几乎没有靠自己的新陈代谢系统制造热量的能力。

犁鼻器
又称雅各布森氏器官。位于上颚上部的一个器官，负责接收爬行动物的舌头捕获的物质，并分析其构成物的各种特征。

两栖动物
包括青蛙、蟾蜍、蝾螈、蚓螈在内的两栖纲动物。

两足动物
用两条后肢站立、走动或奔跑的动物。

卵巢
人和哺乳动物产生卵子和雌激素的器官。

卵生动物
卵在母体外发育成新个体的动物。

卵胎生动物
卵在母体内完成胚胎发育过程，其发育营养依靠自身的卵黄，其间不需要从母体内吸取营养的动物。

卵子
雌性单倍体生殖细胞，含母体细胞一半的染色体。

掠食者
猎食其他动物的动物。

目
介于纲和科之间的生物分类阶元。例如，蛇和蜥蜴等爬行动物都属于有鳞目。

拟态
某些生物体为隐藏自己、寻求保护或出于其他目的，对周围环境中的生物体或物体的形状、颜色或行为进行模仿的行为。

尿酸
尿酸是嘌呤代谢的终产物，为三氧基嘌呤，其醇式呈弱酸性。

胚胎 / 胚芽
多细胞动物或植物发育的初级阶段。

平滑肌
由平滑肌细胞组成的肌组织，主要分布于内脏器官和血管，为不随意肌。

前沟牙类毒蛇
其毒牙位于上颌前方，中空或有表面凹槽，用于运送毒液。前沟牙相对较短，且固定在一个延伸出来的区域内。

丘脑
间脑两侧壁加厚的一对卵圆形灰质块。参与传递感觉信息并调节睡眠觉醒。

群居动物
以群居为物种典型行为的动物。

染色体
真核细胞中，染色质在细胞分裂时凝缩成的结构。

肉食性动物
通过吃肉类获取营养物质和能量的动物。

鳃
多数水生脊椎动物的呼吸器官。表面布满微细血管，是与水中气体进行交换的器官，也有滤食、泌盐等作用。

生殖腺
能够生成生殖细胞和性激素的器官。

石炭纪
古生代的第五个纪，同位素年龄测定大概始于 3.589 亿年前，止于 2.989 亿年前。

适应
在进化历史中生物体形态结构、生理功能或行为习性随外界环境的改变。

受精
雌性生殖细胞与雄性生殖细胞结合并形成一个二倍体合子的过程。

输出管
从某器官将其分泌物、血液、体液、水等运出的管的总称。

属
介于科和种之间的生物分类阶元。

胎生动物
母体生产时不产蛋而产幼仔的动物物种。

碳–14
一种放射性碳同位素，其浓度能够帮助测定化石的年代。

蜕皮
动物脱去旧表皮长出新表皮的过程。

脱氧核糖核酸（DNA）
由四种脱氧核糖核苷酸经磷酸二酯键连接而成的长链聚合物，是遗传信息的载体。

胃石
指某些植食性恐龙胃内的石头，可帮助动物粉碎和消化食物。

温度调节能力
爬行动物通过在温暖的区域和较冷的区域之间来回转移以调节自身体温的能力。

温血动物
主要热源位于体内、且主要经由氧化代谢产生热量的生物体。

物种
基本的分类单元。能相互繁殖、享有一个共同基因库的一群个体，并和其他种生殖隔离。

细胞膜
将细胞内外环境分开的一层薄膜。

细胞质
细胞中包含在细胞膜内的内容物。

夏眠
动物在炎热和干旱季节表现为代谢缓慢、体温下降和进入昏睡状态的一种适应方式。

腺体
腺体指动物机体能够产生特殊物质的组织，这种物质主要为激素。

小脑
脊椎动物脑部的一部分，位于脑干上方、大脑后下方，负责协调肌肉活动和保持平衡。

泄殖腔
动物体的消化管、输尿管和生殖管末端共同汇合处的总腔。

新陈代谢
生命的基本特征之一，是维持生物体的生长、繁殖、运动等生命活动过程中化学变化的总称。

信息素
由生物体产生并释放的一种微量化学物质，用以引起同类其他个体的具体反应。

炎症
机体对各种物理、化学、生物等有害刺激所产生的一种最常见的、以防御为主的反应形式。

遗传漂变
由小种群引起的基因频率随机增减甚至丢失的现象。

易变性
指器官的不稳定性，以及对可能的破坏性因素的敏感性。

营养层级
各生物物种在食物网或食物链中所处的位置。

有丝分裂
真核细胞的染色质凝集成染色体、复制的姐妹染色单体在纺锤丝的牵拉下分向两极，从而产生两个染色体数和遗传性相同的子细胞核的一种细胞分裂类型。

有性繁殖
经过不同性别生殖细胞的结合和受精作用，产生合子，由合子发育成新个体的生殖方式。

杂食动物
其食物组成比较广泛，多摄食两种或两种以上食物的动物。

再吸收
一种生理过程，在这个过程中，肾脏过滤或分泌的物质和维持生物体内部平衡所需的物质被再次并入血浆中。

真皮
位于表皮下方的致密结缔组织。

脂质
生物体中脂肪、磷脂、糖脂、鞘脂、类固醇、萜类等成分的总称。

种系发生史
生物类群的演化史，通常以树状图的形式呈现。

主动脉
血液循环系统中的主要动脉，负责将血液送往全身其他组织。

组织
一些形态相同或相似、功能相同的细胞与细胞外基质一起构成并具有一定形态结构和生理功能的细胞群体。

植食性动物
以植物为食的动物。

© Original Edition Editorial Sol90 S.L., Barcelona
This edition © 2022 granted to Shanghai Yihai Communications Center by Editorial Sol90, Barcelona, Spain.
NATIONAL GEOGRAPHIC and Yellow Border Design are trademarks of the National Geographic Society, used under license.
All Rights Reserved.

Photo Credits: Age Fotostock, Getty Images, Science Photo Library, Graphic News, ESA, NASA, National Geographic, Latinstock, Album, ACI, Cordon Press
Illustrators: Guido Arroyo, Pablo Aschei, Gustavo J. Caironi, Hernán Cañellas, Leonardo César, José Luis Corsetti, Vanina Farías, Manrique Fernández Buente, Joana Garrido, Celina Hilbert, Jorge Ivanovich, Isidro López, Diego Martín, Jorge Martínez, Marco Menco, Marcelo Morán, Ala de Mosca, Diego Mourelos, Eduardo Pérez, Javier Pérez, Ariel Piroyansky, Fernando Ramallo, Ariel Roldán, Marcel Socías, Néstor Taylor, Trebol Animation, Juan Venegas, Constanza Vicco, Coralia Vignau, Gustavo Yamin, 3DN, 3DOM studio.

江苏省版权局著作权合同登记 10-2021-101 号

图书在版编目（CIP）数据

爬行动物和恐龙 / 西班牙 Sol90 公司编著；王丽译 . —南京：江苏凤凰科学技术出版社，2022.10（2023.9 重印）
（国家地理图解万物大百科）
ISBN 978-7-5713-2883-2

Ⅰ.①爬… Ⅱ.①西…②王… Ⅲ.①爬行纲—普及读物②恐龙—普及读物 Ⅳ.① Q959.6-49 ② Q915.864-49

中国版本图书馆 CIP 数据核字 (2022) 第 062955 号

国家地理图解万物大百科　爬行动物和恐龙

编　　著	西班牙 Sol90 公司
译　　者	王　丽
责任编辑	张　程
责任校对	仲　敏
责任监制	刘文洋
出版发行	江苏凤凰科学技术出版社
出版社地址	南京市湖南路 1 号 A 楼，邮编：210009
出版社网址	http://www.pspress.cn
印　　刷	惠州市金宣发智能包装科技有限公司
开　　本	889mm×1 194mm　1/16
印　　张	6
字　　数	200 000
版　　次	2022 年 10 月第 1 版
印　　次	2023 年 9 月第 7 次印刷
标准书号	ISBN 978-7-5713-2883-2
定　　价	40.00 元

图书如有印装质量问题，可随时向我社印务部调换。